华夏智库
金牌培训师
书系

唤醒
沉睡中的自己

我们身处光明之中，以为自己是清醒的，
而实际上则是在沉睡。

史朕羽 著

中国财富出版社

图书在版编目（CIP）数据

唤醒沉睡中的自己／史朕羽著．—北京：中国财富出版社，2016.4
（华夏智库·金牌培训师书系）
ISBN 978-7-5047-6084-5

Ⅰ．①唤…　Ⅱ．①史…　Ⅲ．①成功心理—通俗读物　Ⅳ．①B848.4-49

中国版本图书馆 CIP 数据核字（2016）第 061420 号

策划编辑　黄　华　　**责任编辑**　单元花
责任印制　方朋远　　**责任校对**　饶莉莉　　**责任发行**　邢有涛

出版发行	中国财富出版社		
社　　址	北京市丰台区南四环西路 188 号 5 区 20 楼	**邮政编码**	100070
电　　话	010-52227568（发行部）		010-52227588 转 307（总编室）
	010-68589540（读者服务部）		010-52227588 转 305（质检部）
网　　址	http://www.cfpress.com.cn		
经　　销	新华书店		
印　　刷	北京京都六环印刷厂		
书　　号	ISBN 978-7-5047-6084-5/B·0489		
开　　本	710mm×1000mm　1/16	**版　　次**	2016 年 4 月第 1 版
印　　张	14.5	**印　　次**	2016 年 4 月第 1 次印刷
字　　数	193 千字	**定　　价**	38.00 元

前　言

科学家研究发现，每个人都有意识与潜意识，每一个人的潜意识都有相当大的潜能。爱因斯坦的大脑使用了还不到10%，普通人用了不到5%，有人用了甚至连1%都没到。这说明大脑至少有90%的能量被闲置、浪费了。

我们身处在光明之中，以为自己是清醒的，而实际上则是在沉睡。

人的一生要么是抱怨的一生，要么是放下你那张虚伪的脸去改变、去创造的一生！99%的失败者都是抱怨的一生，他们抱怨出生、抱怨环境、抱怨天时不助他……而成功者无论是怎样的出身、当下是怎样的环境、天时是怎样的变幻莫测，他们永远都会告诉自己——自古今来，数风流人物还看今朝!

谁都羡慕魅力四射的成功者，谁都渴望成为光芒万丈的成功者，可又有谁能够真正体会到凤凰涅槃成功之前痛苦挣扎的过程……黎明前的阴冷与黑暗，是对想要成功的人心志上最大的考验……中国首富马云曾经说过一句：昨天很残酷，明天更残酷，后天很美好，大部分人都死在了明天晚上，看不到后天的太阳……是的，成功路上是孤独的、是无眠的、是踩着荆棘和坎坷走过来的。

回望自己刚入社会时，做过餐厅服务员、摆过地堆、发过传单、干过保险、经历过直销、被骗过传销、睡过公园、逃过单、凌晨两点雨中搬家……干过十几份工作、经历过饥肠辘辘、遭受过冷嘲热讽……梦想是注定孤独的旅行，路上少不了质疑和嘲笑，但那又怎样，哪怕遍体鳞伤，也要活得漂漂亮亮！

很多人会问我：朕羽老师，你对成功和失败怎么看？我认为人生路上没有成功与失败，只有得到与学到……成功了，你会得到；失败了，你会学到……这个过程的价值无法用金钱来衡量。人生苦短几十年，用心活于当下、享受当下、珍惜身边不同时期出现的每一个不同的人，用最少的悔恨去回忆昨天、用最真的真心享受当下、用最高的期待面对明天……一个人没有失败过就永远感受不了成功的喜悦；一个人没有死过就不会知道活着的可贵；一个人没有醉过就不知道清醒时的爽；一个人如果没有爱过又怎会知道情的真……人生就是经历的全过程……

上帝创造了猫，猫喜欢吃鱼，可猫不会游泳……上帝创造了鱼，鱼喜欢吃蚯蚓，可鱼又不能上岸……上帝给了我们许许多多的诱惑，却不让我们那么轻易得到，要想实现，就要自己努力奋斗……“故天将降大任于斯人也，必先苦其心志，劳其筋骨，饿其体肤，空乏其身，行拂乱其所为……”

作　者

2015 年 12 月

目　录

第一章

你是最伟大的奇迹

世界上，只有一个你

在我们身边，很多人在抱怨自己的性格平凡、成绩平凡、事业平凡、长相平凡……总是在努力地效仿自己认为比较优秀的人，希望自己有一天也能像他们一样，甚至超越他们，但是在效仿别人的同时却在不知不觉中迷失了自己，直到某一天发现自己早已不是原来的自己了。

其实，社会上的人成千上万，单位里的人成百上千，但这浩大的人群里只有一个你；在一母所生的兄弟姐妹中，在盘根错节的家族里，不管你为大为小，为善为恶，也是只有一个你；工作上和生活里，你可以演绎多种角色，变换多种称谓，履行多种义务，但最后集于一身的还是一个你；不管你是男是女，是美貌是丑陋，是深沉是肤浅，是成功是失败，归根结底你还是你……

人生需要有一个比较准确的定位，世上只有一个你也许是最基本和最重要的定位。

我们每一个人都不应该再浪费任何一秒钟的时间，去试图成为另外一个人。你是这个世界上唯一仅有的珍宝，从世界诞生的时候开始，从来没有任何一个人是完全跟你一个样的，而且在将来直到可能出现的世界尽头，也不可能再有一个人跟你完完全全一样。遗传学会告诉你，你之所以会成为你，是由于你父亲的23条染色体和你母亲的23条染色体所决定的。

世界上只有一个你，而且不重复、不多余、不变更，所以不要幻想什么都要跟别人一模一样，那是永远做不到的。相反，我们一定要潜心珍惜真正的自己，一定要保持自己的真实本色，就像欧文·柏林给已故的乔治·盖希文的忠告那样。

盖希文初次和柏林见面的时候，还是一个刚出道的年轻作曲家，一个礼拜只赚35美元，而当时的柏林却已经很有名。柏林非常欣赏盖希文的能力，就问他是否愿意做自己的秘书，薪水大概是他当时收入的3倍。但是柏林却在询问的同时给出了一个忠告："你最好还是不要接受这个工作，"他对盖希文说，"如果你接受的话，你可能会变成一个二流的柏林。但如果你坚持并继续保持你的本色，总有一天，你会成为一个一流的盖希文。"思考再三之后，盖希文接受了这个忠告。果然，后来的盖希文成了当时美国最著名的作曲家之一。

当然，在痛苦的经验中学到了这一课的人不仅仅只有几个人，卓别林、威尔·罗吉斯、玛丽·玛格丽特·麦克布蕾、金·奥特雷，以及其他难以计数的人，都学过我在这章里想让大家明白的这一课，而且他们学到这一课的过程往往都很辛苦。

卓别林刚开始拍电影的时候，许多人都坚持认为卓别林需要模仿当时非常有名的一个德国喜剧演员才能受到大众的喜爱，可事实是，直到卓别林创造出了一套自己的表演方法之后，他才开始被观众所接受并最终受到热烈的欢迎。

玛丽·玛格丽特·麦克布蕾刚刚进入广播界的时候，其实是想做一个爱尔兰喜剧演员，但是最终却失败了。后来她发挥了自己的潜能，结果成为当时纽约最受欢迎的广播明星。

事实就是这样的，你在这个世界上是独一无二的，你应该时刻都牢记这一点，并且尽量利用上天所赋予你的一切。其实，所有的艺术都是带着个人特色的：你只能唱你自己适合的歌，只能画你自己能画的画，只能做一个由你的经历、环境和你的家庭所造就的你。不论你是否成功，你都要创造一个属于自己的世界；不论你是否出色，你都要在生命的交响曲中，谱出属于你自己的乐章。虽然广大的宇宙充满了许多美好的东西，可是，除非你愿意去耕耘自己的土地，否则你绝对没有好的收成。你所有的能力都是自然界的一种新能力，除了你之外，没有人知道你能有些什么成就。你会变成什么样子，你能拥有什么东西，都是你必须去尝试追求的。

如此，你才不会自卑，不会贬低自己，也不会把自己交给别人去评判。

如此，你才不会逃避现实，不做生活的弱者，你才会主动出击，迎接挑战，演绎精彩人生。

如此，你才不会跟自己过不去，而会鼓励自己。你才既会承担责任，又会缓解压力，你才会在生活的道路上游刃有余，笑看输赢得失。

相信自己的独一无二是一种积极的心理状态，可以通过自我暗示培养起来。自我暗示，是一种自我激发，是一种内在的火种，是一种快捷的自我肯定；它可以使我们的心灵欢畅，建立自信，走向成功。

积极自我暗示法：

（1）经常输入伟人的事情。把自己推崇的伟人的资料输入自己的大脑，经常用他们奋斗的精神来激励自己。

（2）相信语言的力量。经常用一些诸如“我能行”“我一定能渡过难关”之类的话语来激励自己，增加自信。

（3）了解重复的重要性。连续不断地重复，不但内心深处能相信可能性，也会让自己排除压力，充满自信。

（4）保持强烈的欲望。若有很强的欲望，则会为了要实现的目标而付诸行动，纵使有障碍物，也绝不改变目标。不改变目标，就会改变超越障碍的方法。

（5）决定终点线。量化目标，让自己经常品尝成功的喜悦，能有效增强自信。

（6）设定预想的困难。事先把困难考虑到，当真的障碍物横亘面前时，便不会气馁、灰心，即使受到挫折，因为事先有心理准备，也不会轻易放弃。

假如你不能成为一棵参天劲松，那就做一株山谷灌木吧！但要做株最好的灌木。假如你不能成为一株灌木，不妨就做一棵小草，努力净化空气、释放氧气，也是积极的奉献！不能成为太阳，当星星又何妨？成败不在于大小，只在于你是否已竭尽所能。

因此，无论何时，一定不要忘记保持本色，如此，才能发现更强大的自我，做好更理想的自己。

你就是自己的守护神

我们每个人身处困境时，都希望能有守护神来拯救自己，使自己摆脱困境。但我们不能忘记："自救者，天必救之。"只有当我们充满信心、努力拯救自己的时候，守护神才会降临，否则便是坐以待毙。

用哲学原理说就是，外因是变化的条件，内因是变化的基础。没有内因做基础，再强的外因也不会起作用。鸡蛋之所以能孵出小鸡，因为它原本就是鸡蛋，有孵出小鸡的基础；若是换一块石头，任凭再伟大的母鸡也无法孵出小鸡来。

王成在一个农场工作。有一次，他搬运东西时不小心摔破了一只精美昂贵的花瓶，农场主要求他赔偿。对于贫穷的王成来说，无论如何也赔不起这只价格昂贵的花瓶。

他特别苦恼，想了很多办法，都无法筹集到巨额的赔偿费，最后他只好到寺院向大师请教办法。

听完他的讲述，大师说："有一种能将花瓶粘好的技术，你为何不去学习呢？只要你学好技术，就能将花瓶修复好，事情不就解决了吗？"

王成听完，摇了摇头说："哪儿有这么神奇的技术？况且，我怎么能学会这高超的技术？凭我自己的努力，要把这只花瓶粘得完好如初根本是不可能的。"

大师指引他说："这样吧，寺院后有一块石壁，你可以对着石壁大声问话，佛祖就会告诉你答案。"

于是，王成来到石壁前，对着石壁大声说："佛祖，请您帮帮我，只要您愿意帮我，我一定能将花瓶粘好！"

王成的话刚一说完，佛祖便立即回应了他："一定能将花瓶粘好！"

王成真的听见了佛祖的承诺。于是，他充满信心地向大师告别，去寻找复原花瓶的技术。

三个月后，王成终于学会了粘花瓶的技术，结果他将农场主人的那只花瓶复原得天衣无缝，众人赞叹不已。

他将花瓶还给农场主人后，就连忙再次来到寺院，准备向佛祖道谢，感谢佛祖给予他的协助与祝福。

大师再次将他带到寺院后的石壁前，笑着对王成说："其实，你不必感谢佛祖。"

王成不解地看着大师："为什么不必感谢佛祖？要不是佛祖，我根本无法学会修补花瓶的技术。"

大师笑着说："其实，你真正要感谢的人是你自己啊。因为这块石壁具有回音功能，当时你听到的'佛祖的声音'就是你自己的声音，所以，你就是自己的佛祖。人要勇敢地做自己的佛祖，因为真正主宰自己命运的人不是别人，而是我们自己。当你相信自己能够改变命运时，步伐才会慢慢移动，自己心中的愿望才会一步步变成现实。"

事实上，佛教不主张"人能胜天"，但也不主张"人命天定"。在佛家看来，命运掌握在自己手中，任何力量都不能主宰我们的命运，即使天神也无法操纵我们的命运，我们就是自己的守护神，我们就是把握和掌控自己命运的唯一舵手，我们就是决定和创造自己命运的唯一主人。佛陀本身就是典型的例子。

佛陀未成道前，贵为古印度迦毗罗卫国（今尼泊尔境内）的太子，享尽人间欢乐，得到万民景仰。但是他不以王宫的生活为满足，不甘心做一个庸碌的凡夫，于是毅然舍弃一切荣华富贵和亲族情爱，孤身走上追求真理的道路，最终缔造了自己广大如虚空的生命，而一切众生也随着佛陀的证悟，开创了未来正觉幸福的命运。

在现实生活中，很多人在遭遇困境时，往往认为冥冥中上天早已如此安排，任何努力都是徒劳的、白费工夫的，于是消沉、沮丧，把自己宝贵的前程和命运委诸于子虚乌有的守护神去主宰，甘心做宿命的奴隶。他们或许不曾想过，他们就是自己的守护神，命运其实就掌握在自己手里，能够改变命运的只有自己。每个人都是一座无尽的宝藏，只要肯挖掘，必定能挖掘出无穷的力量和智慧，从而改变自己的命运。

成功者并非天生就是成功者，失败者也不是天生就是失败者。很多成功者之所以能成为成功者，是因为他们付出了汗水，付出了辛劳；很多失败者之所以会沦为失败者，是因为他们喜欢不劳而获、坐享其成。在人生道路上，你才是自己的守护神，是自己力量的源泉。命运掌握在你自己手中，成功必须靠你自己奋斗，幸福必须靠你自己创造。

人生的境遇并不是命定的，也不是绝对不变的。上天没有能力把我们变成圣贤，也没有能力使我们沦为贩夫走卒，成圣成贤皆要靠我们自己去完成。正所谓“没有天生的释迦”，只要我们精进不懈、奋斗不止，命运就能在我们手中发出耀眼的光芒！

是的，你就是自己的守护神！

生命线握在自己手中

一位年轻人去拜见一位事业有成的老者，在闲聊中谈起了命运。学生问："世上到底有没有命运？"

"当然有啊。"

"命运究竟是怎么回事？既然是命中注定，那奋斗又有什么用？"

老者没有直接回答他的问题，只是笑着抓起他的左手，说："不妨先看看你的手相，给你算算命。"

老者给年轻人讲了生命线、爱情线、事业线等方面的话之后，突然对年轻人说："把手伸直，照我的样子做一个动作。"他的动作就是举起左手，慢慢地而且越来越紧地握起拳头。

末了，他问："握紧了没有？"年轻人有些迷惑，答道："握紧啦。"

老者又问："那些命运线在哪里？"年轻人回答："在我的手里呀。"

老者再追问："请问，命运在哪里？"年轻人恍然大悟："命运在自己的手里。"

老者很平静地说："不管别人怎么说，不管算命先生如何算，记住，命运握在自己的手里，而不在别人的嘴里。"

是的，不管别人怎么跟你说，不管"算命先生"如何给你算，命运线掌握在自己的手中，而不是在别人的眼里和嘴里。

我们常常说命运由我不由天，主张自力更生，主张靠自己养活自己，但是一到了拼搏的时刻，我们总是喜欢走一些捷径，喜欢想一些更容易成功的路子，所以经常会把希望寄托在别人身上，觉得自己什么也不去做把命运交付到别人手中，这样反而更好、更省事。

孩子们希望自己的父母可以帮助自己铺路架桥；失意人渴望遇见贵人，渴望对方可以让自己一朝就平步青云；没钱的人渴望嫁个有钱人，希望一夜之间就改变自己灰姑娘的命运；没有地位的人则渴望他日能够一人得道，鸡犬升天，沾一沾别人的喜气。不少人总是渴望别人施舍自己一点幸福，渴望别人来改变自己的命运。

诚然，人生在世，总要或多或少地依靠自身以外的各种帮助——父母的养育、师长的教诲、朋友的关爱、社会的鼓励……可以说，人从出生的那一刻起，就已经开始接受他人给予的种种帮助了。然而，许多人“在家靠父母，出门靠朋友”的“靠”，已经演变成对父母和朋友的依赖，把自己的命运完全寄托在父母和朋友的身上。

信奉“在家靠父母”的人，往往是那些生活上不能自理、饭来张口、衣来伸手，或者事业上不能自立而离不开父母权力、地位和金钱支撑的人。这样的人，显然不可能在生活上自立自强，也不可能在事业上有所作为。

我国著名教育家陶行知编的《自立歌》中有这样一句话：滴自己的汗，吃自己的饭。自己的事，自己干。靠天靠地靠祖上，不算是好汉。

作家郑渊洁也说过：“把希望寄托在别人身上，意味着把失望留给自己。”

任何人都不是别人生活的附属品，任何人都不应该让别人来掌控自己的命运，任何人都不能把所有的希望寄托在别人身上，自己不去创造和把握，那样幸福就只会远离自己。也许我们在短时间内可以找到寄托，可以寻找到一个安身之所，可以在别人的遮蔽下免于风雨侵蚀，可是有一天别人撤去他的双手，你该怎么办，你还能依靠谁？

鲁迅在谈论易卜生的《玩偶之家》时，曾经提出了一个重要的问题：娜拉出走之后会怎样？鲁迅一针见血地指出娜拉根本不可能一个人在外面生存下去，因为她没有经济支撑，她的生活和命运掌控在丈夫、家庭的手中，她没有将命运控制在自己手中，所以她的命运最终只能受人摆布。

生活需要我们学会独立，幸福也需要独立，没有谁能够真正改变你的命运，没有谁能够真正带给你幸福，你自己不懂得去创造，不懂得去把握，那么即便你的生活条件再好，也不会觉得幸福：只有自己创造出来的幸福，才是真正稳定的幸福，只有自己掌控的命运，我们才有机会去改变它，别人不能决定什么，也不应该为你决定什么，我们更不应该成为他人的傀儡。

人生就是这样，命运本掌握在自己手中。也许你禀赋天成，也许你资质平庸，但决定命运的往往不是这个，而在于自己如何去掌控。

把握命运就像放风筝一样，无论风筝飞得多高多远，束缚它的那根长线始终要控制在自己手中，你才是幕后那个调控者和放飞者，一旦你选择松手，一旦交出控制权，那么你的风筝即便飞得再高再远也无济于事，因为此时它已经不再属于你，而且它飞得越高，也就离你越远。

如果不屈不挠，以金石可镂的精神不息奋斗，默默耕耘一方土地，也许就会收获人间的春天，创造一个惊人的神话。命运就在我们自己手中，但需要我们自己去创造；幸福就在我们的手里，但需要我们不停地努力，不停地创造。

古往今来，凡成大业者，他们“奋斗”的意义就在于用其一生的努力去改变自己的命运。只有积极进取，努力奋斗，才可能获得满意的人生。

记住，命运在自己手里。人生的道路要自己去走，谁也代替不了谁。

这个世界上，真正能改变自己命运的人只有自己，自己命运掌握在自己的手中。你想要做什么人，只能由你自己决定。那些自强不息、乐观进取的人，才能改变自己的命运。

我们不能选择自己的出身，不能选择我们的父母，但是我们有权利选择自己的人生。做自己命运的主人，就不能成为金钱的奴隶，不能成为权力的俘虏，要在各种诱惑面前保持自己的本色，否则便会迷失自己。

人生犹如一本异彩纷呈的书，其中的酸甜苦辣，需要自己去体会，没有任何人能够帮助你。要想实现理想，就要自己主宰自己的命运，把希望种在心里，把命运握在手中。只有这样，你才能创造属于你的辉煌与成就。

奇迹是由相信的人创造的

我们总是认为奇迹可遇而不可求，其实并不是这样的。一件很多人都说不可能甚至连我们自己都怀疑的事情，通过一番刻苦努力，最终也会做成，这样的奇迹在我们的生活中并不少见。有的事情，你相信它会发生，它就会发生，奇迹有时就是这么简单。奇迹是由相信的人创造的。

不久以前，有一家私营企业在发展过程中遇到重重困难，已经到了破产的边缘，背负了巨额的债务。每天都有很多债主跑到公司里来要求还钱。

这家企业的老板认为一切都完了，意志消沉。他害怕上班，甚至害怕公司里的电话铃声，他只想躲起来，远离这一切。

有一天，他在家里，偶尔翻到了一份过期的报纸。报上有一个报道吸引了他，这个报道是关于一个企业家购买破产企业，重整旗鼓获得成功的故事。

他看完后，心想：“他能做到的，我为什么不能做到呢?”企业家的心里重新点燃了成功的渴望。他开始重新思考拯救企业的一切可能方法。第二天，他早早去了公司，召集全体部门负责人商讨对策。他要来了所有债权人的电话，开始给他们打电话：“请你再宽限一些时间，我们正在想办法，我们决不会不讲信誉……”他用真诚的态度去打动对方。

那些债主都很奇怪，问他：“你是否有新的资金？还是，你有了一大笔订单?”

公司老板回答说：“都没有，但是我拥有了更加重要的东西：那就是重新振作的勇气和信心。”

令人意外的是，老板这种真诚的态度竟使债权人改变了态度，甚至有人开始帮他。

这个故事的结局是：一切债务顺利还清，大笔的订单纷至沓来，企业起死回生了。因为唯有相信奇迹的人，才会有一颗坚定的心，以永不服输的态度去战胜一切困难。

通常，一个成功者和一个失败者的技艺、能力和才智差异并不很大。假使有两个人，以同等的能力、才智、体力与其他的重要素质开始，会出人头地的必定是那个满腔自信、相信奇迹的人。同时，一个能力平平却拥有自信心的人，往往能超越一个能力很强却毫无自信的人。

俗话说：“这世界只为两种人开辟道路，一种是有坚定意志的人，另一种是不畏艰难险阻的人。”而这两种人必须同时具有的品质就是自信。

的确，一个自信的人，是不会恐惧艰难的。尽管障碍物可阻止一些人前进，却不能阻止意志坚定的人的脚步，他们会排除障碍物，然后继续前进。尽管路上有使人跌倒的滑石，但自信的人行进时步步扎实，再滑的石头也奈何不了他。

相信奇迹是事业成功的基石。每做一件事都应该增加一点自信，这样你就可以朝着目标努力奋斗，直到最终实现。如果一个人对自己连最起码的自信都没有，完全不相信奇迹，那就谈不上有坚强的意志努力奋斗，他的理想目标就很难实现。

生活中，拥有相信奇迹的信心，就能激发潜意识带来无限的智慧和力量，使每个人的欲求转化为物质、财富、事业等方面的有形价值，创造出我们意想不到的奇迹。所以，有人把“信心”比喻成“一位心理建筑领域的工程师”。

相信奇迹的人敢于尝试新的领域，能更快地发展自己的兴趣、施展自己的才华，从而更容易获得成功。相信奇迹的人也更快乐，因为他不会时刻担心和提防失败。他们总是充满着极大的热情和力量。简单地说，那些在信心庇护下的人能从许多担忧和焦虑中解脱出来。

相信奇迹的人，有行动的自由，他的能力也能得到自由发挥，在这种自由下能取得一定的成就是可想而知的。试想，一个人的思想若是受到了担忧、焦虑、恐惧或无把握感的束缚和妨碍时，他的大脑就不可能有效地指挥自己去完成某些事情。

现实生活中的许多人都不相信自己，他们甚至不知道信心为何物，在他们看来，这个世界并没有什么奇迹。其实，这都是源于他们对自己缺乏信心。要知道，信心能使我们站得高、看得远，能使我们站在高山之巅，眺望远方充满希望的大地。

相信奇迹是一块伟大的基石，往往能造就奇迹。相信奇迹使人们的力量倍增，更使人们的才能增加数倍。如果不相信奇迹，就难以取得理想成就。即使是一个有着卓越能力的人，一旦他对自己或对自己的才能失去信心，那他就会迅速地失去力量，变得不堪一击。

生活处处充满奇迹，只要你相信就一定能实现。相信奇迹使你坚信自己一定能成功，相信奇迹能开启守卫生命真正源泉的大门，正是借助于相信奇迹的信心，你才能发掘出伟大的内在力量。是的，你的人生是辉煌还是平庸，是伟大还是渺小，都将与你相信奇迹的信心成正比。记住，真正的奇迹只会降临在那些相信奇迹会产生并矢志不渝地努力追求的人身上。

命运，别人无权替你决定

社会是一个人的集合，既然进入了社会，就难免会受到他人的影响。

重视他人的目光和评价，这是很多人固有的情结，而这个挥之不去的情结也最终导致了很多人的失败。为何呢？原因就在于每个人都是一个独特的个体，没有一条轨迹是适应所有人的。因此自己的命运只能掌握在自己的手中，过于在乎别人的评价，最终只能是一无所成。

一对父子一大早赶了头驴子到城里。走着走着，他们发觉路人总是对自己指指点点，仔细听才发现原来他们都在议论自己。只听路人说："这两个人真笨，放着驴子不骑而走路。"

听了路人的话，父子觉得似乎是这么回事儿。于是父亲让儿子骑在驴背上，自己在后面赶着，继续往前走。走着走着，父亲发现路人的指指点点仍没有减少。仔细听，原来这次路人的批评改成了："这个儿子实在不孝，自己骑驴让父亲走路。"

听了这话，儿子觉得很是羞愧，于是连忙跳了下来，请父亲骑驴，继续往前走。这样走着，不一会儿又听路人指责道："这个老子真是不懂得疼爱自己的孩子，自己骑驴，叫那么小的儿子走路。"

这次，感到羞愧的人变成了父亲，于是他赶快把儿子也拉到了驴子的背上，两个人一起骑驴赶路。结果没走出多远，又听到路人在那里议论道："这俩父子真是狠心，两个大男人骑一头驴子，也不怕把驴子给累死？"

没办法，父子两人赶忙跳下驴子，面面相觑，实在不知如何是好，最后决定合力抬着驴子进城。于是两人将驴子绑好，一人一头抬着走，结果这次反而招来了路人更多的议论和讥笑。

想想我们的经历，是否也有过类似于这对父子的尴尬呢？是什么让我们陷入了如此尴尬的地步呢？是路人吗？不是！其实让我们陷入如此尴尬的正是我们自己。

比如，在对一件事发表看法的时候，你从来都是附和所谓"权威"人物的观点，而不敢大胆说出自己的想法，再比如，在为人处世的过程中你经常按别人的反应来决定，而不是按照自己的意愿去决定，等等。这是不自信的表现，也是虚荣心在作祟，你已经丧失了按照自己意愿生活的能力。

要知道，无论我们做些什么，总会有"不和谐"的声音出现在我们耳边。如果我们过于在乎这些噪声，那么我们就只能是束手什么也不做；即便是这样，也未必会让噪声全部消失。

一个智者应该懂得，对于别人的建议要认真考虑，然而对于别人毫无意义的议论则应该无视。要对自己保持自信，不因为别人的否定就动摇自己，如此才能够成就属于自己的事业。当你顺着别人的否定而怀疑自己时，你也就走上了失败的道路。

一位通晓做人的内在法则的人士指出："当别人对你说'快看这儿'或'快瞧那儿'的时候，请你不要盲目地追随他们，因为幸福世界就在你的心中。"其实，何止是幸福呢，包括做人做事都是这样，你不能在听了别人对自己的看法后，就依附他们的喜好来改变自己，你要按照自己的个性生活，尽情地去展示自己的天性和美丽，而不是盲目地追随别人。因为最终决定你的命运的是你自己。因此，当做决定时，要当机立断地决定，要敢于接受挑战。那些科学领域的巨人们，由于他们始终坚持着自己的观点，不断用实践检验真理，他们的思维不受任何"真理"的束缚，才给我们开创了一个个绚丽的世界。

该做决定的时候应该怎么办呢?

首先，遇到有事要决定的时候，不要害怕，要突破"随大溜"的禁锢，要有自信、有决断力和责任心。此外，还可以有以下方法。

1. 不要因为害怕出错而不做

如果你不在乎别人的看法尽全力去做一件事，又不怕他人指责你，那你就可能做成事，反之害怕出错不去做，长此以往，就会认为自己无能，其实，犯错是正常的，成功是建立在失败基础上的。

2. 主动思考

不要因为自己放不开而一味地让别人的思想控制自己，虽然别人的建议可能有用，但还是要以自己的思考为主。

3. 不要把你崇拜的人想成完美无缺，不要总是赞扬别人，贬低自己

“随大溜”、犹豫不敢做决定的人总以别人为榜样，以为他人完美，凡事都希望能达到别人的标准，时时害怕自己做得不够好。这是不自信的心态，一定要坚定地相信自己。

4. 别模仿别人，有时不需要征求别人的意见

你如果做事常常拿不定主意，做事瞻前顾后，就要强迫自己培养自信心了。人不可能一辈子依赖父母、兄弟、朋友，所以先从小事做决断开始，慢慢经验多了，人生阅历丰富了，能力增长了，遇“大事”也就敢“决断”了。

5. 用自己的思维去思考

有些人在向一些权威人士请教的时候，总是一味听从，觉得对方说的都是真理，没有必要质疑，也懒得思考。诚然，因为对方的经验、资历，告诉你的可能都是正确的，甚至是毋庸置疑的。但是，如果不和对方进行积极的讨论，弄明白解决问题的前因后果，必然会磨灭自己的创造性和主动性。因此，在尊重对方的前提下，巧妙发问并与对方积极地讨论，有助于养成独立意识。

古往今来，成功者的道路往往是与众不同的，如果你选择了一条挑战自我、超越自我的道路，如果你想成为一个“与众不同”者，那么，你必然会遭到诸多人的反对、批评、指责的声音。其实，很多声音都来自你的

亲朋好友，他们往往循循善诱，从自身的角度出发“教育”你不要去做这样或那样的事情。他们打着“为你好”的旗号替你决定人生的方向。

这个时候，你如果被周围的声音吓倒了，因为害怕“独特”，害怕“与众不同”，害怕批评或者指责而放弃了自己的理想，那么，你就被周围懦弱的人们同化了，你便成了他们中的一员，你的理想也变成了一座“空中楼阁”。

你要想获得成功，就要牢牢将命运掌握在自己手中，自己决定自己的命运。而不要让他人的想法轻易改变自己的理想。只有保持真正的自己，自立自主，才能走出属于自己的道路，实现自己的人生价值。

本章结语

你是最伟大的奇迹！如果你能开发大脑一半以上的潜能，就可以轻松地学会40种语言，记忆整套百科全书，并获得12个博士学位。只要能唤醒沉睡中的自己，不仅你的智慧、健康、幸福、财富等全方位会得到提升，你所有美好的梦想也都能一一实现。

第二章

懦弱源于你内心不够强大

恐惧源于你内心懦弱

恐惧是人的情绪中难解的一种症结。在自然界和人类社会中，生命的进程从来都不是风平浪静的，总会遭到各种各样的挫折、失败和痛苦。当一个人预料将会有某种不良后果产生或受到威胁时，就会产生一种不愉快的情绪，并为此而紧张不已，一直到惊慌失措、恐惧不安。

恐惧心理有很多类型：担心事情发生变化、害怕遭遇未知的难题、因放弃稳定的收入而感到不安……每个人都有自己惧怕的事情或情景，而且不少事物或情景是人们普遍惧怕的，如怕雷电、怕火灾、怕地震、怕生病、怕高考、怕失恋，等等。但是，有的人的恐惧异于正常人，如一般人不怕的事物或情景，他怕；一般人稍微害怕的，他特别怕。这种无缘无故的与事物或情景极不相称、极不合理的异常心理状态，就是恐惧心理。它是一种不健康的心理，严重的就是恐惧症。

《尚书》里有这样一句话："心之忧危，若蹈虎尾，涉于春冰。"意思是："对待各种事情，心中总怀着畏惧之感，就像踩着老虎尾巴一样畏惧，像走在春天即将融化的冰面上一样战战兢兢。"这正是恐惧心态的真实写照。

现实生活中，每个人都可能经历某种困难或危险的处境，从而体验不同程度的恐惧。作为一种生命情感的痛苦体验，是一种心理折磨。人们往往并不为已经到来的或正在经历的事而惧怕，而是对结果的预感产生恐慌。其实，让我们恐惧的这些东西并没有那么可怕，可怕的是恐惧本身，恐惧比什么东西都可怕。

恐惧的心态直接影响着人的身心健康，恐惧能引起身体各种器官及生理状况发生一系列变化。如表现出苦笑、战栗、惊叫等反常姿态或动作软弱无力，以及脸色苍白、心律改变、血压上升、消化腺活动受抑等，甚至血液的黏度和血中化学成分也会发生变化。这些都会给人的身心健康带来严重的影响。严重时还会导致脑血栓或心肌梗死。由于受到刺激，在盛怒之下引起心脏病突发，而造成突然死亡的事例，屡见不鲜。

恐惧还会影响神经系统的功能，重者引起精神错乱，行为失常。所谓反应性精神病大多是这样引起的，轻者也可造成神经系统活动的严重失调，并导致各种神经官能症。

所有的恐惧在某种程度上都与人自己的懦弱有关，因为此时他的思想意识和他体内的巨大力量是分离的。

懦弱往往就像是腐蚀心灵的毒药，会吞噬掉其本身的斗志。因为如果我们总是将坏的事情在心中无限地扩大，总是不断地表现出懦弱，那么终究无法战胜眼前的困境。

懦弱是一把刀，自己腐蚀自己；是一朵花，自己枯萎自己；是一个人，自己捆绑自己。没有一个懦弱的人能获得真正的成功，也没有一个懦弱的人会真正地自我欣赏，更没有一个懦弱的人懂得什么叫勇敢。他们离未来很远，远到成为一种奢望；他们离现实很近，近得像是拿了放大镜在观察人脸上的血管，只看到了不美的事物，所以，他们永远也没有勇气行动。

我们知道，“不入虎穴，焉得虎子”，如果你没有“明知山有虎，偏向虎山行”的勇气，你该怎么摘取悬崖边上的鲜花？

懦弱的人害怕有压力，也害怕竞争。在对手或困难面前，他们往往不会坚持，而选择回避或屈服。懦弱者对于自尊并不忽视，但他们常常更愿意用屈辱来换回安宁。

懦弱者常常害怕机遇，因为他们不习惯迎接挑战。他们从机遇中看到的是忧患，而在真正的忧患中，他们又看不到机遇。

懦弱者不敢与人针锋相对，他们也害怕刀剑，进攻与防卫的武器在他们的手里捍卫不了自己。他们当不了凶猛的虎狼，只愿做柔顺的羔羊，而且往往是任人宰割的羔羊。

懦弱总是会遭到嘲笑，而遭到嘲笑会使懦弱者变得更加懦弱。

懦弱常常会品尝到悲剧的滋味。中国历史上南唐后主李煜性格懦弱，终于没能逃脱沦为亡国之君、饮鸩而死的悲惨命运。

懦弱导致的恐惧心理，就像干扰电波一样，让我们的情绪一直处于不正常值，生活和工作都会因它而有损害，所以我们一定要尽快克服懦弱和恐惧：以下是几种战胜懦弱和恐惧的方法：

1. 要有必胜的信心

只有自己才能保证自己的将来。工作需脚踏实地，生意虽有成有败，但知识或经验的价值却永不消失。一个人只要有信心有实力，无论遭遇什么情况都不致一筹莫展。

小成就的累积，可以培养更大的信心。一个人应该认真地自我反省，努力改进，以建立信心，如此才能在遭遇阻碍时，发挥最大的潜力。

2. 冲破消极

面对带有冒险的机会时，内心的恐惧就会对你说：“你绝对办不到。”

祛除恐惧的办法只有一个，那就是往前冲。假如对机会心怀恐惧，更应强迫自己去面对它。一旦获得机会，向前迈进，以后碰上更好的机会时，就不会恐惧了。

3. 不怕失败，勇于接受挑战

如果毅然接受挑战，至少可以学到一些经验，增长自己的见识。不要怕失败，也不要因失败而一蹶不振。敢向激流游去，即使不能立刻获得成功，一定也能学到宝贵的经验，成功只是时间问题而已。一个人只要肯努力学习，成功的机会就会逐渐增加。

直面挑战，让自己成为一个冒险家，人生便不再黑暗。敢于争取、敢于斗争的人才能给自己争取到成功。如果你无法战胜自己的懦弱心理，成功也就永远与你无缘。不要害怕，勇敢面对荆棘坎坷，才会活得多姿多彩。

4. 不断完善自身，积极学习科学知识

“打铁还需自身硬。”人们对异常现象的惧怕，大多是由于对恐惧对象缺乏了解和认识引起的。随着自己实力的增强，自然就会改变懦弱和恐惧心态。

5. 勇于实践

经常主动接触自己所惧怕的对象，在实践中去了解它、认识它、适应

它、习惯它，就会逐渐消除对它的恐惧。例如，有的人惧怕登高、惧怕游泳、惧怕猫、惧怕毛毛虫等。害怕异性，可以勇敢地去和异性交流，只要经常多实践、多观察、多锻炼、多接触，就会增长胆识，消除不正常的恐惧感。

鸟儿离不开飞翔，水儿离不开流淌，我们的生命也离不开和懦弱较量，只有拥有足够的勇气，才能把懦弱远远地抛开。正如鲁迅所说："愿中国青年都摆脱冷气，只是向上走，不必听自暴自弃者说的话。能做事的做事，能发声的发声，有一分热，发一分光，就像萤火一般，也可以在黑暗里发一点光，不必等待炬火。"

懦弱，是勇气的缺失，是自欺欺人，是给自己找借口，也是给别人设障碍。赶走你内心深处的懦弱吧，如果你想成为朋友肯定的对象、情人依靠的港湾、孩子心中的大山，如果你也想为自己开拓出一片天地。因为胜利永远属于勇敢的人，失败也永远等待着弱者。一旦勇于面对恐惧之后，你立刻就会醒悟：自己拥有的能力竟然远远超过原来的想象！

你若强大，阳光自来

人生就是与重重困难斗争的漫长战役。早一些让自己懂得痛苦和困难是人生平常的"待遇"，当挫折到来时，应该面对，而不是逃避，这样，你才能早一些坚强起来，成熟起来。以后的人生便会少一些悲哀气氛，多一些壮丽色彩。记住，只有自强的人生才美丽，才精彩。你若强大，阳光自来。

强大，包括内心的强大和能力的强大。自强是自己坚持不懈实现自我价值，是一个人向上的力量，是人自我的正能量。

强大的人，在艰难时不会放弃希望，在困苦时不会改变方向，他们为了自己的目标，脚踏实地，不屈不挠。即便处于绝望之境，他们也毫不动摇心中的理想。强大的人，遇见事情，都会凭借自己的努力去解决。强大的人，遇见危险也不会畏惧。他们知道不管到了什么时候，人生总还有一搏。

强大的人认为，逆境是人生必需的训练所，挫折是人生必要的训练课。强大的人，明白一切都要靠自己的劳动和拼搏才能获得。若没有自身的强大，就不会有成功，强大是人成功的重要因素，也是人生最重要的正能量。一切向上的行为，都可以称之为强大。强大是人们最好的生存方式。弱者有时候能得到同情，但更多的时候，一个人甘愿成为弱者的话，得到的将是践踏！

强大总是和人的志气联系在一起，唐代诗人王勃在他的《滕王阁序》里有一句名言非常值得我们学习，它就是："穷且益坚，不坠青云之志。"为自己创造一个梦想，确立一个理想，对一个人来说是非常重要的。有梦想的人更愿意拼搏，有理想的人更需要去拼搏。强大是我们实现梦想和理想的途径，强大的人也终将获得成功与辉煌。

懦弱的人更应该学会强大。如果你的内心懦弱，担心这又担心那，你就需要让自己强大起来。担心不是解决问题的办法，只有不断地提高自己，壮大自己，才能解决当下的问题，获得理想的结局。

正如南怀瑾说："做人要效法宇宙的精神，强大不息。一切靠自己的努力，依靠别人没有用。假使有一秒钟不求进步，就已经是落后了。"

自古以来，自立强大就是中华民族的传统美德。它是流淌在中华民族文明血管中生生不息的血液，是中华民族精神的精髓。

清代文学家蒲松龄有一副对子：有志者，事竟成，破釜沉舟，百二秦关终属楚；苦心人，天不负，卧薪尝胆，三千越甲可吞吴。

蒲松龄幼年有轶才，少年得意，19岁科考得县、府、道第一。青年时代热衷举业，却屡屡失利，自嘲是“年年文战垂翅归，岁岁科场遭铩羽”。为了激励自己不断发愤读书和创作，就在压纸用的铜尺上刻上了这副对联。

祖逖曾与幼时的好友刘琨一同担任司州主簿。他们两人感情深厚，不仅常常同床而卧，抵足而眠，而且都胸怀大志，有着建功立业、复兴晋国的志向。

有一次，祖逖在睡梦中听到公鸡的鸣叫声，他立马叫醒刘琨，对他说：“你有没有听到公鸡叫声？”刘琨说：“半夜听见鸡叫不吉利。”祖逖说：“我偏不这样想。咱们干脆以后听见鸡叫就起床练剑如何？”刘琨欣然同意。自此之后，两人每当听到鸡鸣之声就起床习武练剑，无论寒暑从不间断。

功夫不负有心人，经过多年的努力，他们终于成为了能文能武的全才，既能治国安邦，也能带兵打仗。后来，祖逖被封为镇西将军，实现了他报效国家的愿望；刘琨做了征北中郎将，兼管并、冀、幽三州的军事，也充分发挥了他的文才武略。

每个人在人生的道路上总是会遇到或大或小、或这样或那样的困境。有时，它们会像沼泽地一样，让我们深陷其中，拔起来一只脚，另外一只脚又陷了进去。这种情况很容易让人们丧失斗志、自暴自弃。然而，不要忘记，放弃就等于失败，一切只能从头开始。因此，我们必须振作，必须沉着冷静，坚持下去，带着坚强的意志力走出困境的“沼泽”。强大的精神在这个时候就会发挥重要的作用。它将给予我们坚持不懈的动力。

自身强大来源于人清晰而准确的生活目标。如果你感觉自己其实也很强，但是又不知道自己能走多远，迷茫会时不时地涌上你的心头，这说明你对自己的目标并不是很坚定，你对自己的理想并不是很忠诚。真是这样的话，你要从头再来，重新审视自己：我是个什么样的人？我想要做什么事？我是否适合做它？我会用自己的一生来做它吗？当你重新认定了自己的目标以后，为之坚持不懈，努力拼搏，这时候你就会幡然醒悟，原来，自强是如此清晰而又贴近你，你将永远是一个自强的人。

好的品德是人自强的基础。一个品行不好的人，如果自强的话，只会给社会带来更多的不利。所以，不具备品德的话，自强也将失去其价值。自强之人，应当是有用之人，自己的能力和毅力或满足于自己，或满足于家庭，或满足于社会，或满足于国家。自强之人，必定是有用之人，甚至是栋梁之材。

“天行健，君子以自强不息；地势坤，君子以厚德载物。”这个道理简单而又深刻：让我们成为有品德的人；让我们成为有用之人；让我们成为自强的人，成为英雄。

成功的道路不会是一片坦途，它蜿蜒曲折而又荆棘密布。所以，一个人只有自身强大，才能面对困难乐观向上，遭遇灾难时坚强勇敢；才能志存高远，为着远大的理想和目标执着追求，不达目的不罢休。只有这样的人，才能够拥抱到磨难背后的那一抹成功的阳光。

拥抱你的内在小孩
（内在的小孩是内心而不是真正的小孩）

“大道至简。”成年人的思想是复杂的，但是有的时候简单反而更好。成熟固然好，单纯更为可贵。成熟的代价是经历许多磨难，然而如果在经历这许多的磨难之后，你仍然可以用内在小孩的心灵来看待这个世界，那么你就超越了平凡的人生，获得了一种更大的乐趣。

内在小孩之心就是指具有婴儿一样未受世俗污染、纯洁无瑕的初心。保持内在小孩的人在许多时候像无忧无虑的孩子，特别快乐，纯真善良，关爱他人，不狡猾，不做假，也不怕被人揣摩，以此省出了很多耍滑使坏和布防设防的时间，而充分地领略到了生活的美好。

在成年人的世界中生活，尔虞我诈的事情是常常存在的。既然介身其中，你就不可避免地要受到影响。或许并不是你自己的意愿，但是往往身不由己。不少人常学着钩心斗角、欺瞒哄骗、圆滑世故。但是你并不因此感到高兴，相反，你可能会感到十分痛苦，这就是为什么成年人，特别是那些有成就的人中间有这么多人备受抑郁症折磨的原因。他们被一种有害的情绪所侵扰，使他们无法正常地思考。而这一切的原因正是由于他们摆脱不了成人的世界，他们不能保存内在小孩的心灵。

孩子看待世界的眼光都是新奇的、充满魔力的。如果你能够用孩子的眼光来看待这个世界，那么你就不会只看到人和人之间的虚伪，只看到生活的困苦，只看到自己的无奈，你也会看到人们之间的信任、生活中的快乐和自己的幸福。

曾红极一时的电视剧《士兵突击》中的许三多脑子笨，性格执拗，思维简单。这与他小时候成长的环境很不好、家庭成员整体素质不高有很大关系。他日均话语量低达1.03句，生活单调。这个主角平凡得不能再平凡，然而他却取得了成功，在部队里获得了许多成长和进步，获得了许多人对他真诚的信任和喜爱，这又如何解释呢？

他如同一个孩子，看到天空的一点蓝，他便开心地笑；看到花儿的一点红，乐呵呵地笑；看到湖泊的一点绿，开怀笑。他这样一点点被充满，这样一点点打开心怀。他总是保持着那么可爱的单纯，像远离市区的菜地长出的韭菜，齐刷刷往上长，来不及被污染；像夏日早晨跳出来的太阳，没有雾气弥漫，不被云朵遮盖；做事没有名利心，没有得失感。只为了单纯的人性："好好活，做有意义的事。"

心存内在小孩的人，他们的眼里不会有名利和等级，不会把自己看低，他总是持平常心看待人和事。因此，不管在哪儿，他总能大方自然，不卑不亢。这样的人往往更有魅力。

可见，心存内在小孩的人，没有得失功利心，能实事求是地、客观地、理性地看待自己，看待世界与人生，从容平静地看待所要面对的人和事，自然地让人们看到他们憨厚、童趣的一面，从而更容易打动他人而取得他人信任。

一个想要时常拥有快乐的人、想要成功的人都不能不心存内在小孩，历史上许多超越平凡成就伟大的人都明白内在小孩的可贵：鲁迅，看透了世间的黑暗而没有被黑暗吞没，关键也在于他保持着一颗纯真的心。他曾说："我希望常存单纯之心，并且要深味这复杂的人世间。"许多人只看到"复杂的人世间"，而忽略了保持一颗纯真的心的可贵。文化和时政批评家余杰曾说，鲁迅正是有这颗心作底子，他才能用笔写下“活的中国”。

保持心存内在小孩，正是你调节情绪的最佳方法。在职场中间，同事间的暗中较量与竞争会令人身心俱疲，这个时候，如果你丢弃攀比之心，不去参与那些明争暗斗，而是保持自己的一方净土，那么你会得到一片宁静的天空、一种恬淡的心情，虽然没有得到物质上的东西，却得到了心灵的满足，你会比那些为名利争得焦头烂额的人更幸福。

我们的天性都是向往单纯、美好的世界，我们排斥那些假恶丑的东西，只是当我们长大后，因为这样或那样的理由，我们不再让自己坚持单纯，而是一步步把自己带向复杂与不纯洁，我们称之为成熟。其实，这些都是我们的借口。我们为了一点点蝇头小利而卷入竞争旋涡，弄得我们自己疲惫不堪、情绪低落，根本不值得。

如果我们想要在生活中得到快乐，如果我们想要使自己的情绪变得稳定，不那么焦躁，那么就要学着找回自己的内在小孩。找回童年时的纯真并不难，如果你确实有这份决心。

要找回自己的内在小孩，那么就要注意生活中你不曾注意到的一些东西，例如一朵花的开放。一朵花开不开对于成年人而言并不是那么重要，而它却能带给孩子无限的欣喜。那么，当你看到一朵小花正在开放，就放下手中的工作，和孩子一起感受这份惊喜吧，在欣赏花的同时，你会发现自己的一些苦恼居然在慢慢消失，随之而来的是真正的宁静与喜悦。

要找回自己的内在小孩，还要放弃一些并不真正重要的东西。在工作上，你或许经常为奖金的多少而计较，那么你就要学着不去打听这些事情，让你的心跟着放松。你要学着喜欢工作本身而不是一些外在的东西，这样你才会在工作时保持愉快的心情。在日常生活中，你不要太过于在意别人的评价。如果不愿意化妆，那么就试着素面朝天，让自己和阳光雨露零距离接触。不要过于在意自己是否穿着时髦、打扮得体。每个人都有自己的生活，不要为了别人而把自己的生活弄得复杂。离开了别人的眼光，你才会自由自在地享受你自己的生活。你之所以郁郁寡欢，正是因为你太在意外在，而忽视心中要保持内在小孩的缘故。

社会和生活难免复杂，难免容易让人迷失方向，困住自己。因此我们应该时常自省，适时地跳出来，重新提醒自己不要丢失了最初看世界的心态。同时，我们要努力提高自己的思想品德修养，丰富自己的文化生活，培养高雅的情趣，拒绝生活中的不良诱惑。

内在小孩是一个成年人最缺乏但又最重要的东西。如果你想要拥有一个好的心绪，想要使自己快乐地生活每一天，那么就试着使自己变得如孩童般美好、单纯、天真。内在小孩并没有离你而去，它藏在你内心深处，只要你坚持挖掘，你就会找到内心的最大宝藏。

消弭我们的伤与痛

“人有悲欢离合，月有阴晴圆缺。”没有人的一生是顺风顺水，能够不经历挫折的。

没人能阻止风浪的出现，但是在大风大浪过后，除了刻意遗忘、逃避之外，是否能够做到真的不去在意，是否能够坦然笑对人生？这才是决定着一个人未来幸福走向的关键点。

时间是最好的治愈师，但仅仅靠时间是不够的，自己一定要能够消弭伤和痛。正所谓病由心生。如果自己不能消弭自己心中伤痛，那么伤口就永远无法愈合。心宽是一剂有效的药引，能够将时间的治愈功效发挥到极致。自己被心魔所困，自然不能接受不圆满之伤。

从前，有一位年轻人气冲冲地走进一家礼品店，对着琳琅满目的饰品左挑右选，最终他的视线定格在了一只精美的水晶乌龟上面。之后他问店主这只水晶龟要卖多少钱，礼品并不便宜，但是他却毫不犹豫地掏钱买下了这件礼品。店主有些好奇，于是询问他这件礼物作何用处。他一边端详着水晶龟，一边似是回忆地说要送给自己朋友的新娘。店主觉得如果这样的礼物送到新娘的手中，那么一定会出问题，于是他告知年轻人，礼品的包装可能比较久，要年轻人第二天来取。

第二天，这个年轻人应约来到了礼品店，取了礼物就匆匆离开了。到了礼堂之后，年轻人反而没有了伤感，也没有了痛恨，他只是慌慌张张地将礼品交给了新娘然后匆匆离去了，因为，新郎不是他。回到家中，他并未感到喜悦，反而有些后悔。虽然女友背叛了自己，嫁给了自己的朋友，让自己受了很严重的伤，但是那些已成为过去，现在他悔恨自己的这种冲动行为。为了防止心中担心的种种情况，他离开了家乡。

多年后当他再次踏上故土的时候，见到了自己的朋友和前女友，没有预想当中的不快，他们友好地招待了他，并对当年他的宽容表示感谢。他十分不解，后来才知道，店主并没有依约将水晶龟包起来，而是替换成了一对唯美的水晶天鹅。这些年他早已淡忘失恋和背叛的伤痛，他只是悔恨当时送出的水晶龟。

年轻人去了礼品店，说明了事情的原委并感谢店主当时的帮助，店主只是笑着说：“和我猜的差不多，年轻人，没有必要用别人的错误来惩罚自己。过去的，你就让它过去吧。那个伤口迟迟不能愈合是因为你总是去翻开来看。”多年之后的这位年轻人，再一次因为曾经的伤痛而泪流满面，只是这次不是因为难过，而是因为释然。

有些时候，他人或有意或无意给自己带来伤害，这种时候，如何面对这种伤害就成为了一种选择。受到的伤害是仇恨产生的前提，会让人变得丑恶。就像故事中的年轻人，刚开始只是因为自己受了伤害不能平衡，无法释然，所以准备回赠伤害来发泄自己的消极情绪。但是在他平静下来之后才发现他只是在转嫁自己所受的伤害而已，自己没有勇气承受失恋的不圆满之伤，所以才会陷入不幸之中。如果能够坦然一些，那么做不成恋人，还可以做朋友。

生活中，与这位年轻人相似的人不少。其实，伤痛毕竟是伤痛，它带给人的心理体验是痛苦的、负面的，沉溺其中享受所谓的伤痛的“美丽”只会让自己内心变得阴暗。

首先，伤痛也会变成一种习惯。

习惯的力量是可怕的。心理学家们明确指出，任何一种行为（包括心理的）经过多次的重复就会变成习惯，而习惯一旦形成，就如同铁轨，而人就如同在铁轨上行驶的火车，只能服从于它的轨迹。除非我们能够有意识地及时调整自我，将自己从既定的轨迹中拉出来。当然，其困难程度随着重复次数的增大而加深。

当伤痛变成了习惯，我们往往就会依照伤痛的生活模式去生活，甚至是享受，而不想改变。这是非常可怕的事情。因此，走出伤痛越早越好。

其次，“挫折吸引力”的客观存在也是我们“走不出伤痛”的一个重要原因。

心理学家认为，面对伤痛，人的心理可以分为两个阶段：第一阶段是“抗议”阶段，第二阶段是“放弃”阶段。在抗议阶段，人们拒绝接受现实，用各种方式来制造自己希望看到的“假象”，也就是通常人们所说的

“自欺”。比如上例中，这位年轻人就是一种“抗议”的表现。在这一阶段，人往往表现出越是得不到越想要得到，越是遗憾越是怀念，越是受阻越是沉溺的心理特性。这种大多数人都固有的心理现象被称为“挫折吸引力”。

精神病学家也为这种奇怪的现象找到了生理学基础，在抗议阶段，为了缓解心理不适，人体内的多巴胺（多巴胺是一种控制肌肉运动，并让人产生满足感的化学物质）会增加，从而让人对伤痛有一种莫名的眷恋。

值得注意的是，挫折吸引力能够跳过人的显意识，直接作用于潜意识，使得我们很难察觉，于不知不觉中就将伤痛当作一种“美丽”。

此外，伤痛极容易引发抑郁症，而抑郁会让人沉浸在导致自己抑郁的那件事情中不能自拔。

由此可见，所谓消弭不了伤和痛，不过是各种负面心理在作祟，是我们产生的一种心理错觉。只要我们能够调整心态，就一定能够消弭伤和痛。

那么，我们该如何从伤感中为自己疏导，从痛苦中将自己解救出来呢？

1. 正确对待生活的得失

人生本来就是一个有得有失的过程，不为一“得”而张狂，不为一“失”而伤感，这样我们才能以一种平和的心态立世。当我们陷入痛苦中时，不妨多想想“塞翁失马，焉知非福”的道理。或许许多“失”其实是“得”，而有的“得”可能是“失”或会导致更大的“失”。如果能看透这些，还有什么能让我们感伤的呢？

2. 学会苦中作乐的态度

忧郁永远不可能战胜不幸。我们每个人都有可能遇到不幸，这并不可怕，可怕的是我们不能勇敢地面对不幸。所谓苦中作乐，这其中包含着人们的苦乐观，也就是人们对待痛苦的一种态度。能够在痛苦中不畏惧不退缩，而是勇敢地与苦做斗争，这是一种气度，而这种与苦斗其乐无穷的乐观态度，才会让我们从苦中寻得最大的乐。

3. 多一点辩证思维

很多时候要战胜忧郁就应该多一点辩证思维。因为，人的忧郁大都起因于思维方法不正确，总是消极看待事情，所以我们就会感觉到不快乐，久而久之，就会变得忧郁。但是如果我们拿起辩证的武器，从事情的另一面来考虑问题，或许你会发现，有些问题当中存在着许多解决的契机，忧郁的情绪也会因此失去存在的思想基础。

4. 自我开导

要想走出痛苦，那么最先要做到的就是改变自己的心境。心烦了，累了，想哭了，不妨蹲下来抱抱自己，学会自我开导，才能真正地疏导不良情绪，只有你自己主动走出阴霾，你才能彻底甩掉痛苦，重新站起来。

5. 倾诉

当苦闷伤感时，找你所信任的、谈得来的，同时头脑比较冷静的知心朋友倾心交谈，将心中的郁闷及时发泄出来，以免积压成疾。

6. 精力转移到爱好上

当情绪不稳时，宜将精力转移到其他活动上去，忘我地去干一件你喜欢干的事，如写字、打球等，从而将你心中的苦闷、烦恼、愤怒、忧愁、焦虑等情绪消灭掉。

7. 多参加公益

替别人着想、多做好事，可使你心安理得、心满意足。做一件事要善始善终。当面临很多难题时，宜从最容易解决的问题入手，逐个解决，以便信心十足地完成自己的任务。

8. 积极行动

自己积极行动，破除依赖心理，不要总是停留在观望阶段。

征服你的死亡恐惧

死亡是人生中的大事，每个人在人生的航道上，尽管各自用不同的方法驾驭着生命之舟，然而，最终的归宿必然都是死亡。人死，一切都将完结、停息，一切努力都将无济于事。所以，很多人对死亡怀有畏惧、厌憎的情绪。

有些人嘴上不说，心里却潜藏着对死亡的焦虑；另一些人为了克服焦虑而不断谈论死亡，时刻准备迎接死亡，策划自己的葬礼，比如挑选葬礼的音乐和装饰等；还有一些人通过宗教信仰来确保自己能够永生。

但无论是不是信徒，很多人在面对疾病这条通向死亡之路时都心存焦虑与恐惧。于是他们跑遍了医院，做了各种越来越泛滥的放射检查和生理检查，如核磁共振和CT（一种病情探测仪器）等。专家的名号和所谓的最新技术总能让他们安心。而情绪刚刚平复下来，他们又会产生新的焦虑，继而开始新一轮的检查。古希腊人与古罗马人都曾说过："智者从不惧怕死亡。"然而，说起来容易，做起来难，如何做到不惧怕死亡才是关键。在这里，我们可以看看蒙田的名言："惧怕遭受痛苦之人，本身就已经在受痛苦的折磨了。"当然，我们可以把死亡的念头放在一边不去想，照常度过每一天；也就是说，我们明知自己终会死去，却仍像能够永生一般一天天活下去。

为什么会产生死亡恐惧呢？

"自我"意识产生死亡意识，死亡意识引起死亡恐惧。死亡恐惧感的真正源头是"自我"，注定要死去的正是这个具有自觉意识的"我"，别人的死都是可理解、不必惧怕的，唯独"我"的死亡是无法理解、万分恐惧的。因为别人的死，并不会对"我"的存在构成眼前可感的明显影响，而要是"我"死了，天地万物对"我"而言就失去了意义。

死亡恐惧到底是什么呢？

第一，因未知而产生的恐惧感，不知道自己死时及死后会发生什么。这包括害怕死亡过程是否会痛苦，不能确知死后生命是否还可以延续，以及害怕死后的身体不知道会变成什么样子。

第二，害怕生命中所拥有的一切都消失、停止、不存在。

第三，害怕死亡使得自己不能再追求或完成某些生活目标。

第四，害怕与生存的熟悉环境分离，与世界完全隔绝并陷入孤独。

第五，害怕自己的死亡对亲人的打击，包括心理、经济、责任等方面。

第六，害怕丧失自我支配及控制自己命运的能力。

第七，宗教信仰者害怕死后会因自己的“罪”而受到严厉的惩罚。

第八，害怕因所爱的人死亡自己可能受到的打击。

第九，害怕他人死后的尸体、亡灵、鬼魂等。

这些说明，人对死亡的恐惧主要来自于对死亡的无知和误解。

对待死亡的态度是一面镜子，实际上却反映了一个人对待人生的态度。不正确的死亡态度会导致消极而悲观的人生，正确的死亡态度才会造就积极乐观的人生。正确的死亡态度应该是以豁达开朗的态度对待死亡，把死亡理解为一个自然的过程和美好人生不可缺少的重要环节与必然结局。

克服死亡恐惧，有助于我们认识和理解死亡现象在社会中的地位和作用，把握死亡与其他社会现象的辩证关系。

克服死亡恐惧，是提高现代人生活质量的重要保证。对于人来说，生命只有一次。因此人类生活的全部意义就在于使这唯一的生命活得有价值，有意义。高质量的生命，应该是为社会和他人作出贡献多而大的生命，其社会价值为正；反过来，低质量的生命是个人索取大于个人的社会贡献，其社会价值为负。如果我们不能正确认识和理解死亡，我们的生命就会笼罩在死亡的阴影中，死亡就是一个伴随我们一生的沉重的包袱。因此，承认和理解自己的死亡，确立正确的死亡态度，既是对生命的正确而全面的认识，也是高质量的社会生活的保证。

那么，究竟怎样摆脱死亡恐惧呢？

1. 信仰高于一切

具有宗教情结的忠实信徒视死如归，正如穆斯林把死亡看作对真主安拉的永恒追随；基督徒把死亡看作对上帝的拜会；佛教徒把死亡看作超升或超生，是一种超脱生死的“涅槃”境界；而民主自由斗士则坚信是生命的至高无上，生命的尊严容不得任何亵渎；黑人民族英雄曼德拉先生，以及许许多多勇士们，他们面对死亡也是无所畏惧的。

我们之所以恐惧死亡，也许正是因为缺失信仰，欠缺一种精神力量的支持。不如为自己的生命寻找一种精神寄托，不要因为我们的精神空虚而被恐惧折磨。

2. 知识就是力量

那些极具智慧的人也是无畏生死的。比如，伟大的思想家孔子曾说：“未能事人，焉能事鬼？未知生，焉知死？”一个人连生前之事都做不好，又怎么能照顾到死后的事呢？不为五斗米折腰的陶渊明对死亡也是超乎寻常地淡定，“千年不复朝，贤达无奈何”“死去何所道，托体同山阿”。

英国思想家培根说过：“知识就是力量，与其愚蠢而软弱地视死亡为恐怖，倒不如冷静地看待死——把它看作人生必不可免的归宿，看作对尘世罪孽的赎还。”

正如培根所说，知识就是力量。学会用知识来弥补我们对死亡的恐惧，用智慧来战胜死亡。看那些大智大勇者，对真理的追求让他们超脱了生死，这该是怎样的一种精神？

3. 勇者无惧

那些征战沙场的战士，一旦同仇敌忾起来，即使面对死亡也是无所畏惧的。因此，才留下了一曲曲悲壮的歌——“生命诚可贵，爱情价更高；若为自由故，二者皆可抛”；“砍头不要紧，只要主义真；杀了夏明翰，还有后来人”等。寥寥几句，便使对死亡的恐惧黯然失色……

在国仇家恨面前，人们的精神会变得率直纯粹起来，这时，即使是死亡也无所畏惧。这就是勇气的力量，勇气让我们重生，让我们超脱生死，让我们摆脱恐惧。

今天，处于和平年代的我们为何对死亡感到无比的恐惧呢？是因为缺乏真正的信仰，是因为不善于追求智慧而沉湎于金钱世界的浮躁？还是因为我们率直纯真的感情已经被虚荣替代？当你扪心自问，质问自己究竟因何恐惧的时候，也就能够找到走出恐惧的办法了。

地狱是由恐惧建造的

恐惧是人类及生物的一种心理活动，是一种感觉。这种恐惧的感觉，是由于人们周围存在不可预料、不可确定的因素，因而导致无所适从的心理或生理的一种强烈反应。从心理学角度来讲，恐惧是人企图摆脱、逃避某种情景而又无能为力时的情绪体验。其表现是生理组织剧烈收缩，组织密度急剧增大，能量急剧释放，甚至某些生理现象消失。

就整个人类而言，人们的恐惧大体有如下七种：

（1）恐惧受到别人的批评；

（2）恐惧自己的健康状况不佳；

（3）恐惧自己会失去爱；

（4）恐惧失去原有的自由；

（5）恐惧贫穷；

（6）恐惧年龄变老；

（7）恐惧死亡。

虽然恐惧大致可分为以上七种，但最可怕的莫过于贫穷、衰老和死亡。我们每一天都将自己的身体当成奴隶一样驱使，目的是为了摆脱贫穷，同时也是想为自己将来年老时储备一些金钱。这些恐惧给我们带来了很多压力，也使我们变得越来越不快乐。它不但没有把我们带进希望之中，反而是将我们拖入了最不希望看到的状况。

恐惧对于成人来说就像鬼怪对于孩子一样，除非恐惧控制了我们的心灵，否则它对现实没有任何影响。它是看不到也摸不着的。

虽然恐惧是纯精神方面的且无法被看到摸到，但是我们却到处都能看到被这个想象中的魔鬼征服的人们。它像一个强有力的、时刻悬在人们头顶上的诅咒，在恐惧的人们心中建造出暗无天日的地狱。

可以肯定地说，恐惧是毁坏美好人生的最极端、最残忍的工具，它对整个人生都有巨大的破坏性作用。它通过影响人的消化系统、削减营养供给、降低精神活力、造成贫血，危害我们的健康甚至生命。它毁灭人的理想、志向，削减人的勇气、胆识，总是让我们意志低落，一事无成。

想要带着恐惧心理把工作做得非常出色，这是绝对不可能的事情。因为恐惧扼杀了人的创新性，使人做事时循规蹈矩；恐惧抹杀了人的个性，削弱了人的思维能力。所以如果一个人总是担心即将到来的危险，那么他是永远做不成大事的。一般来说，恐惧表示的是软弱和胆怯。心怀恐惧的人好像生活在肆意屠杀、自身难保的岁月，幸福、理想和美好前程统统化为泡影。《圣经》上说："破碎的心灵能压断骨头。"我们可以理解为：心情压抑会抑制人体生成分泌液，从而悄悄损害身体健康。

恐惧也能抑制正常的心理活动，严重削弱处理危机的思维能力，如果你认为一个人在恐惧的支配下还能够保持清晰的思路或能够采取明智的行动，那你就犯了一个严重的错误。一个事业上屡遭打击、心情忧郁的人，如果他十分畏惧可能再次遭遇的失败，联想到失败之后不但自己穷困潦倒，而且让他的家庭也跟着遭殃，那么，在这些失败发生之前，其实他已经走上失败的歧途了。那是因为他在精神上已经失败了，幸福光明的前景必然与他失之交臂。

恐惧能使人的精神和身体都如同冻结了的能源一般，不再听意识的调遣。恐惧削弱人的活力，阻碍心智的正常运作。如果恐惧长久，全身的血液流量就会减少，血压就会降低，血压降低就会影响负责维持血流循环的器官的功能，造成血流量再减少，血压再降低，这种恶性循环就可以导致生命危险。

在现实生活中，真正的恐惧其实并没有女人们想象的那么可怕。那些使得我们未老先衰、愁眉苦脸的事情，那些使得我们步履沉重、忧心忡忡的事情，在很多时候根本没有发生。只是自己在和自己作对，是自己亲手将快乐的种子扼杀在恐惧的摇篮中了。

恐惧是粉碎个性最可怕的敌人。一个人倘若没有安全感，没有因慰藉带来的快乐，他就无法为自身的存在找到合适的位置，任何的事物都可能给他带来威胁。没有了更大的保护者，自身又不可靠，慰藉从何而来呢？人把自己抬高到了宇宙的中心位置，却又无法主宰自己的命运，在这种严重的生存环境下，恐惧就在所难免的了。而恐惧所在之处，快乐自然就无从谈起。

恐惧消耗人们的精力，损害和破坏人们的创造力。心存恐惧的女人是无法充分发挥其应有才能的，她只会使自己无法做到最好。如果处境困难，她就会束手无策，焦虑不安。

当一个人处在恐惧、担忧和焦虑中时，他的思想和心态是不可能集中的。当整个心态随着害怕的心情而起伏不定时，干任何事情都不可能收到功效。

恐惧使人们动摇，不敢做任何事情，恐惧还使我们怀疑和犹豫。生活中有许多人把她们一半以上的宝贵精力浪费在毫无益处的恐惧和焦虑上面了。

当人们心神不安时，当忧虑正消耗着他们的活力和精力时，他们是不可能获得最佳效率的，他们是不可能事半功倍地将事情办好的。

恐惧还会导致人们发挥失常，状态失衡，本来能做好的事情由于内心恐惧，心放松不下来，就出现了自己最担心的那种结果。

恐惧有百害无一益，任何时候恐惧都不能起到积极作用，反而会给人消极的心理暗示，将人推入黑暗的地狱。

制造这个地狱的不是外界，而是恐惧者的内心。如果我们对某一件事情充满了乐观，那么我们就不可能在这方面感到恐惧。相反，如果我们消极悲观，那么恐惧的心理将会越来越强烈。

恐惧纯粹是一种心理阴影，是一个幻想中的怪物。一旦我们认识到这一点，我们的恐惧感就会消失。如果我们都被正确地告知，没有任何臆想的东西能伤害到我们，如果我们的见识广博到足以明了没有任何臆想的东西能伤害到我们，那我们就不会再感到恐惧了。

任何人都会产生恐惧，这是大自然创造人类时留下的“礼物”。然而，一个真正心灵成熟的人是不会让恐惧伤害到他的自信心的，因为他有足够的勇气去面对眼前的所有困难，也有足够的意志和能力去克服所有的恐惧。

事实证明，勇于作为，才能赶走恐惧。勇敢的思想和坚定的信心是治疗恐惧的良药，它能够克服恐惧思想。

在行动之中，人们会获得活力与生气，渐渐忘却恐惧。只要不畏缩，有了初步行动，就能再接再厉。如此一来，心理与行动都会渐渐走上正确的轨道，梦想的实现才能与你越来越近，你才能让黑暗从心中远离，给自己的心灵营造出美好的天堂。

死都不怕，还怕失败

在生活中，我们无论做什么事情，都有遇到挫折和失败的可能。在通向成功的路上遇到失败，就如同出门的时候忘记了带伞，不小心被雨淋到一样正常。那么如果遇到了挫折和失败，我们就应该试着告诉自己：这是正常的情况，绝不能灰心和害怕。因为一旦灰心和害怕，消极的心理会使"寒气"侵入我们体内，使我们患上"感冒"，更严重者，会使我们从此失去赢的希望，从而与成功绝缘。

从大的方面来说，其实人类就是在犯错和失败的过程中成长和进步的。第一次迈步，我们一定会跌倒，但正是这个跌倒的失败使我们渐渐掌握了走路的技巧，从此学会了走路。很显然，倘若我们害怕失败，害怕跌倒，那我们将永远也学不会走路。第一次学骑车、第一次学打球……想想看，有哪一次，我们不是在失败中获得了成功？我们既然可以征服死亡恐惧，又何惧失败？

但是，就是这么一个简单的道理，却有很多人困于其中不能自拔。他们害怕失败，看着别人骑车，他们很羡慕，自己也想要会骑，但是害怕失败的心理却告诉他们：如果摔跤了怎么办？别人会笑话的。或者是：万一从车上摔下来该有多危险，摔断了手脚可不是闹着玩的。这样的心态使他们在问题面前止步不前，更有甚者根本就不敢去尝试，他们怕万一失败了自己该何去何从?

其实真的失败了又能如何呢?古人不是告诉我们了吗,“失败乃成功之母”,倘若真的失败了,我们也并没有什么损失,失去了这次成功的机会,但却收获到了通向成功的正确法门,那么下一次就一定可以成功。

心理学家认为,一个人经历挫折和失败的体验越多,他应付风险的能力就越强。一旦发现眼前的困难比经历过的容易或差不多,那么对失败的恐惧感就大大削弱了。

在失败这所学校里,我们可以从昨天的痛苦中学到明天应付困难的经验和方法。如果把失败抛到一边,失败过后丝毫不加反省,只是意志消沉或者从此绝口不提,那么一个人就错过了一次学习的好机会。若只是简单地以“不如人家”为借口,却不知在失败中吸取教训、总结经验,那便永远无法成长起来。也就永远都只是驻足不前。而生活就是这样,在你停下脚步的那一刻,你的人生就开始了倒退。在失败这所学校里,有各种各样的课程,当你从这所学校毕业后,你将发现你获得了长足的进步。

“失败”只不过是“暂时性的挫折”而已,它总有一天会过去。这种失败会激励我们振作起来,使我们向着更美好的方向前进。事实上,这其中蕴含着一种深刻的教训,我们要做的是能够从中吸取这种教训,难的是这种教训的获得必须通过自己亲身经历,别无他法。

“失败”通常以一种无声的语言形式向我们说话,当我们刚刚接触时,很难理解它的含义,所以我们有时会感到迷茫。实际上,失败的“哑语”是世界上最容易了解及最有说服力的语言。这种语言在整个世界上都是通用的,大自然就通过它向我们说话。

因此,要想真正的成功,正确的方法是:用正确的心态向着成功的方向努力，把失败当作是路上充饥的粮食，让它们带给我们前进的动力。如果可以做到这样，那么失败在我们面前，就不值一提了。

用这种积极心态去面对一件事时，你就会发现和用消极心态去面对收到的效果不同。如果我们把挫折当作失败来对待，挫折就会成为一股破坏性的力量；如果我们把挫折当作一堂教育课，它就会成为你前进的动力。

许多人遭遇挫折和失败时，只知道痛苦和失落，却不知道那也是一笔财富。还有些人把挫折和失败当作敌人，只是一味地排斥、诅咒，却不知从中吸取教训。实际上，这些障碍物是我们应该结交的朋友和助手。要想成功，就需要克服障碍。每一次失败，每一次奋斗，每一次跌倒，每一次崛起，都能磨炼我们的意志，增加我们的勇气，增强我们的忍耐力，提高我们的自信心。所以，每一次挫折和挫败都是一次实现飞跃的机会。勇敢地面对它们，友善地对待它们，我们才能不断进步，规避风险，从而为前进之路扫平障碍。

“失败”是社会的一种发展产物，它经由这些“失败”来考验人类，迫使人们接受磨炼，从而获得充分的心理和物质准备，以便更顺利地实现我们所要达到的目标。

在“失败”这所学校里，有优等生，也有劣等生。只要你能从中认真学习和感悟，把你的挫折心得归纳总结一下，你就能成为优等生。然而，如果你无视校规校纪，任性而为，整天混日子，那么注定要成为一名劣等生，永远拿不到毕业证。

失败之所以能帮助我们走向成功，是因为它可以使我们清楚地认识和发现自己的不足并加以改正，进而逐步完善自我。因此，不要害怕失败，也不要逃避失败，因为成功是由无数失败累积而成的，没有失败的成功只能算是侥幸。

失败并不可怕，可怕的是不去思索，不去回味。只要你冷静地分析失败的症结，找出自己的弱点，制定出切实可行的改进措施，为铺平下次成功的道路打下基础，并认识自己、相信自己，鼓起勇气，重振雄风，成功是会向你招手的。这样的成功才经得起考验。

是的，你的力量和性格都会从逆境中生长和完善起来，只要你不气馁，失败是暂时的。每一次的失败，都是真正成功的基石；每一次的磨难，都有生命的宝贵财富；每一次伤痛，都是成长的支柱；每一次打击，都是坚强的后盾。

人生的路途，有挫折、失败、欢乐、成功，这些本身就是丰富多彩人生的组合元素。有位哲人曾经说过：“失败留给你的一切，请细加回味，失败一经过去，成功即可到来！”我们不要陶醉于成功的降临，也不要屈从于失败的侵袭。在成功时多点警醒，在失败时多点从容，真诚地面对人生吧！如此，每一天清晨都是晨钟乍响、征马长嘶、晓风振衣、风帆轻扬的景象。你也越来越能够稳步抵达自己的梦想花园。

一个人如果内心不够强大，就不够有自信、性格懦弱退缩，遇事容易丧失斗志、消极放弃。这样的人即便机会再好，看似能力再强，也只是外强中干，由此错失大好机会。反之，一个人如果内心强大、自信满满，那么即便有更多更大的困难挡在眼前，也会毫不畏惧，也会直面挑战。成败根本在人心，内心强大了，人才能真正强大起来。

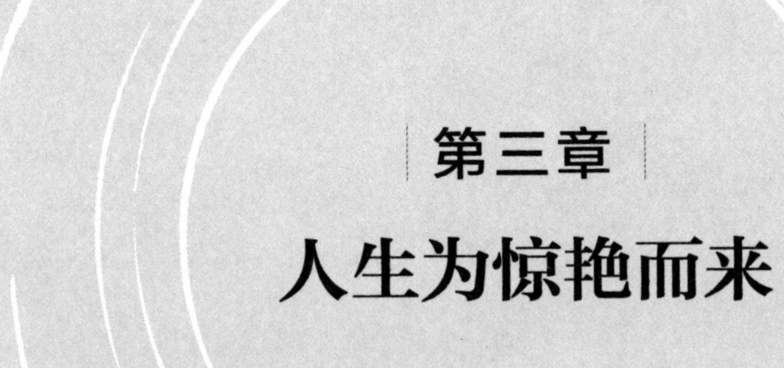

第三章

人生为惊艳而来

生命是一朵盛开的花

她一生中见过的多数花都是在病房里，见花开花败，见人生人死。

她是外科医生。在一次与死神较量失败之后，她无意间看到，病人的床头柜上放着一束花，娇艳地盛放着，美丽妖娆，浑然不知主人的离去，黑色的花蕊像一只只冰冷嘲弄的眼睛。花朵的盛开，生命的陨落，形成了鲜明的对比，充满了讽刺与悲凉。自那以后，她便不再爱花了。

周围的人并不知道她所经历的、见到的，也不知道她内心对花的偏见。有个病人，在初次见面时就送了她一盆花，她心里不喜欢，却不忍心拒绝。或许，是病人纯粹的笑容感染了她；或许，是因为她心里清楚，除非有奇迹发生，否则医院会是他人生的最后一站。

那天，这个病人没有听她的话，和儿科的小病人们玩游戏，累得大汗淋漓。她责备他，他却做了一个鬼脸，吐了吐舌头。傍晚，她的桌上多了一盆花。花瓣斑斓交错，很像展翅的蝴蝶。花盆旁边有一张纸条："医生，你发脾气的时候一点儿都不可爱，知道像什么吗?"她忍俊不禁。

第二天，她的桌上多了一盆花，是小小园圃的一朵朵红花，每一朵都是仰面的一个“笑”：“医生，你知道你笑的时候像什么吗?”他告诉她，昨天那种花叫三色堇，今天的花叫太阳花。

阳光把竹叶照得透绿的日子里，他带她到附近的小花店走走，她这才恍悟，世上竟然有这么多种花。玫瑰深红、康乃馨粉黄、郁金香艳异、马蹄莲幼弱婉转、栀子花香得销魂，而七里香更是摄人心魄。她也惊讶他谈起花时绽放光芒的眼睛，那眼神里没有病痛，没有恐惧。

他问她，喜欢花吗? 她说，花没有感情，不懂得爱。他笑着说，花的情唯有懂的人才明白。

一个烈日炎炎的正午，她远远地看见他在住院部后面的花园呆站着，走近喊了他一声，他连忙回身，食指掩唇：“嘘——”那是一株矮矮的灌木，缀满了红色灯笼般的小花，每一朵花囊都在爆裂，无数花籽像小小的空袭炸弹向四周飞溅，像是一场密集的流星雨。她没再说话，在寂静的时光里，他们共同见证了生命最辉煌的历程。他蹲下身，捡了几粒花籽装进口袋。

第二天，他送了她一个盛满了黑土的花盆，并夹了张字条：“这种花名叫死不了，很容易养活，过几个月就会开花——可惜，那时我已经不在了。”她心里突然涌起一股悲伤，还有一股倔强，她想证明命运并非不可逆转的洪流。

几天之后的深夜，她值班。铃声响起，她一跃而起，冲向他的病房。他始终保持着清醒，对周围的每个人——父母、兄弟、亲友，以及所有参加抢救的医护人员说：“谢谢你们。”脸上的笑容，像是刚刚展翅便遭遇风雨的花朵，渐渐凝成化石。她知道，已经没有希望了。

他离开后，她每天给那一盆光秃秃的土浇水，之后她参加医疗小分队去了贫困地区。她打电话回来问及那个花盆，同事说："看什么都没有，以为是废用的，扔到窗外了。"她怔住了，有些失落，却什么也没说。

回来已是几个月后，她打开自己桌前久闭的窗，顿时震住了。花盆里有两株瘦弱的嫩苗，像是病中的孩子，一阵风就能把它吹倒似的。最高处，却是娇羞的含苞，透出一点红，像是跳跃的火苗。

这一次，她懂得了花的情意。易朽的是生命，就像转瞬即谢的花朵；可永远存活的，是对生命的渴望，是一份生生不息的热情。生命再短暂，也压不垮一颗不屈不挠、热爱生命的心。无论一生长与短，只要你懂得珍惜，懂得实现生命价值，生命之花便永远傲然绽开。

人生总是那么短暂，有时候心怀梦想，想要按照计划去实行，可是似乎计划还没有制订好，一段青春岁月就这么溜走了。不知不觉，人生已经到了暮年，也许再转眼，所有的美好岁月都成过去。每天，都有无数生命像流星一样划过天际，消失在茫茫夜空当中。是哀叹、漠然，还是反思、爱惜？

又或者，生命是短暂的、无常的，如泥石流、地震，甚至如火灾、车祸、生病，等等，没有一个人敢保证自己的生命还很漫长，能够毫无疑问地活到明天，所以每个人都应该学会珍惜，学会充分挖掘生命的价值。

生命固然短暂，但是只要学会珍惜这短暂的生命，瞬间也可以闪耀成永恒。所以，请珍惜现在拥有的一切，不管这一切是怎么得来的，它都是值得我们去爱、去关怀的。人生几十年，能够相遇的都是值得我们珍惜和怀念的。

是的，珍惜生命。平日里，于万丈红尘中，我们不停地奔波着，劳碌着，为的是一种生活，一种活着的质量，然而，这种劳碌本身，却已经把爱惜生命磨蚀成了一句空话，健康一点点地被吞噬，活力一点点地消失，生命提早消逝，这些，难道就是真正的生活，真正的热爱生命吗？

爱惜，是因为感恩。毕竟，能够拥有生命就是一种幸福。但是，人的生命就好像一朵盛开的花朵，你可以绚烂辉煌，香气袭人；或者苍白暗淡，寂寂无声。一切在于你珍惜与否。生命也是脆弱的，面对如此脆弱的生命，我们唯一能做的，就是珍惜生命中的每一天，不虚度任何一天。

谁珍惜生命，谁就延长了生命，这是一种积极的生活态度。在我们留意生命、珍惜生命的旅程中，我们会发现，当生命被生活推向极致时，往往会展现出一些从容之美，临乱世而不惊，处方舟而不躁。于是，我们就会更明白，珍爱生命，生命才会无限延伸，生活才会更有意蕴。

人生来就肩负着使命和责任

董仲舒说："天地之精所有生物者，莫贵于人。"人为万物之灵，集天地之精华、五行之灵气，我们的"真我"与生俱来。我们每个人来到这个世界上都是与众不同的，每个人都带着特定的使命来到这个世界上，都担负着自己特定的人生使命或天职。只是有的人觉悟得早，有的人发现得晚，有的人甚至一生也没觉悟。

使命是我们存在于这个世界的理由、价值和意义，即想要成为什么样的人，为了什么创造价值，以及创造什么样的价值。简单说，使命就是必须做的大事，一定要肩负的责任和完成的任务。它是一个人灵魂中代表希望的种子，呼唤着他去追寻实现目标的道路。

人生的目的绝不只是“活着”。为活着而活着的人实际上只具有生物学上的价值。这样的人活在世上，只是在完成新陈代谢、生老病死的自然规律，与自然界的花开花落、草枯草荣没有什么区别。一个具有价值和尊严的人就应该知道自己存在的意义，工作与生活的目的和使命。没有使命的人生实际上是浑浑噩噩的人生。

没有使命作为后盾，人们会更容易受到外界的诱惑，选择那些象征着身份和地位的目标。比如：“我想要成为CEO（首席执行官），拥有一座别墅，我还要一辆豪华型的跑车。”这些外在的东西，会让人沉醉其中，可是，这是你发自内心想要追求的东西吗？

当你已不再为生活所迫时，再让你为金钱去奋斗，你遇到挫败可能会后退，可能会放弃；而当你为了一个城市、一个国家甚至一个社会而背负起一份责任，带着一种使命感真正去创一番伟大事业时，你会产生一种强大的内驱力。想到你要成就的事情，想到你所要服务的大众，你会为之振奋，不知疲倦，无视挫败，忘我地工作，直到成功，你会发现，这个世界上那些伟大的人，都有着明确的使命。

袁隆平的使命：让所有人远离饥饿。

百度李彦宏的使命：让人们最便捷地获取信息，找到所求。

如果你愿意，你可以列出更多成功人士的使命清单。找到人生的使命，就仿佛启动了内心的核动力，你将充满激情和动力；你将孜孜不倦、无悔无怨地做着你所喜欢的事情；你将洞见你的未来，知道并深信自己的未来充满健康、快乐、幸福、成功；你将每天都享有这种感觉和喜悦，因为你知道它必定属于你。

当我们找到了身为一个人的真正意义和使命后，我们的生命便不再是一场偶然，而是上天最伟大的创造和献给这个世间最美好的礼物。找到这个使命，我们就可以把平凡的一生活得伟大。

当人们找到自己的人生使命的时候，会得到一种自我启示：真正的我是什么？我的一生真正想做的是什么？这也是许多成功者都将找到使命的过程描述成一种顿悟的原因。

每个人找到自己人生使命的方式及时机都不相同。重要的是，要有一颗积极探寻的心。以下3点，可以帮助大家找到自己的使命。

1. 找到发自内心的梦想，不要自我设限

首先，尽情地发挥你的想象，想一想，在你的生命中有哪些梦想，是你发自内心地想要实现的，只要一想到它们，你就会感到热血沸腾、兴奋无比。将它们逐一记录下来。

在寻找梦想时，我们要自由地发挥想象，千万不要自我设限。想到什么就把它写下来。事实上，奋力争取成功要比忍受贫穷与失败容易得多。无论你认为你能或不能，你都是对的。你认为自己是谁，你就会成为谁。你立的志向有多大，你的收获就会有多大。

2. 明确你对世界的贡献

我们设定人生目标时应当以终为始，以结果为导向。因此，现在，请想象一下，假设此刻正在阅读这本书的你已经到了不得不退休的年龄。

请想象一下：

在这一生中你都做了哪些事情，令你感到自豪的事情是什么，你对这个世界的贡献有多大？

在这一生中，你通过自己所做的事帮助了多少人，影响了多少人，改

变了多少人，他们怎样评价你？

请准备一张空白的纸，把所有问题的答案写在上面。

现在，时光流转，生命继续向前推进，假设你就要离开人世了。

现在的你有什么成就，你一生中引以为傲的事情会是什么，人们会怎样评价你，有多少人会愿意在你离世时为你送行，有多少人感到你的离开是这个世间莫大的损失？

在你死后有多少人会怀念你，他们为什么会怀念你？

时光继续向前推进，请接着思考下面的问题。

假如，你离开世界已经有10年了，还有多少人会记得你、怀念你，他们会怎样评价你？

你离开世界50年后，有多少人会记得你、怀念你，他们会怎样评价你？

在你离开世界100年后，人们是否还会记得你，那时人们会怎样评价你？

通过思考这些问题，你一定会在这些问题中找到你的梦想、你的信仰、你的终极追求以及你生命的意义。

3. 明确你想扮演的主要角色，找到你人生的榜样

人生就像一场戏，我们每个人都要在生命的舞台上扮演各种各样的角色。

人生目标和使命的设定首先应该基于我们想成为一个什么样的人。因为目标实现时，我们能成为什么样的人，比我们能得到什么东西要重要得多。

在一生中，我们每个人至少要扮演十多种角色。有些人生角色是我

们无法选择的，比如女儿（儿子）、妻子（老公）、母亲（父亲）等，但另外一些人生角色我们却拥有绝对的选择权。在一生中，你想扮演或你将扮演的主要角色都有哪些呢？

请将它们写下来，至少要写12个。它们可以是描述性的语言，比如：一位伟大的政治领袖、一位贤妻良母、一位教授，等等。

你也可以将自己的梦想锁定到某一具体的偶像或是榜样上面。比如：像毛泽东那样伟大的领袖、像孔子一样的圣贤、像妈妈一样的职业女性、像外婆一样朴实善良的家庭主妇、像马云一样成功的企业家，等等。

经过以上三个步骤，你一定已经找到自己的使命了。可以想象得到，当你找到自己的使命时，该是怎样的喜悦与兴奋啊！这时，你会清楚地看到自己的未来，并清楚地知道自己所期待的结果就在那里。

给生命点亮一盏心灯

每个人的真我心中都有一盏灯，一盏可以照亮生命的灯。心灯是干渴时的清泉，是迷路时的北斗，是风浪中的港湾，是沙漠中的绿洲。心灯是延续生命的缆绳，是寻找快乐的魔杖，是击破困难的钢枪，是树立信心的航标，是我们生命中不灭的火焰。

俗语说：人生不如意事常十之八九。给生命点亮一盏心灯，就会临坎坷而坦荡，面挫折而达观，处危难而不惊。在黑暗中，我们点亮心灯，就会有方向、有希望，就能照亮自己，鼓舞他人；在困难中，我们点亮心灯，就能树立信心、增加勇气，就能在困境中奋进、在绝望中奋发。在阴雨连绵的季节，为自己点亮阳光普照的心灯，即使下再大的雨，心灯不灭，天气就是明朗的；在天气寒冷的冬季，为自己点亮温暖的心灯，即使是冰天雪地的季节，心灯不灭，身体就是暖和的。痛苦悲伤时，为自己点亮快乐的心灯，即使再遭受怎样痛苦的打击，心灯不灭，快乐就会重来。点亮心灯，让人生的旅途不再迷茫，把一份牵挂留在心上，让曾经有过的所有伤痛，随岁月的流逝飘向远方。心灯要用心来点亮，要以仁爱为灯油、信念为灯芯，培出温暖、坚定、达观、粲然不息之光，用毕生的精力、毅力、活力来呵护、擦拭。心灯是支持我们走向生活、走向世界、走向未来的不竭动力。

给生命点亮一盏心灯，燃起希望。春天因为点亮了心灯，所以才赶走了寒风呼啸、冰冻三尺的严冬，迎来了万物复苏与百花齐放；花儿因为点亮了心灯，所以它才承受了风雨的洗礼，绽放了绚丽的色彩，迎来了万众惊羡的目光。人生漫漫，要想克服困难超越自我成就大业，必须以坚强的品质、非凡的意志为自己点亮一盏心灯，这样你的人生才有希望，人生的道路才会越走越宽、越走越好。

给生命点亮一盏心灯，坚定信心。心灯是罗盘，指示了前进的方向；心灯是灯塔，照亮了未知的路。大海茫茫，一艘船乘风破浪朝着彼岸前进，因为有罗盘的指引，这样它才不会迷失方向；驼队冒着酷暑艰难地穿越着大漠，因为他们有一颗坚定的心，这样他们就不会半途而废。给生命点亮一盏心灯，成功之门亦将永远开启。

给生命点亮一盏心灯，唤醒良知。在现实生活中，人们无时无刻不被众多欲望所包围着，而不良的欲望谁都会有，它有时就像“妖魔鬼怪”，总是在人们动摇、困惑时左右人们的理智，让人在一念之中走向或大或小的悔恨之中。那么，人们如何去防范自己的一念之错呢？那就是良知和自律，这就是存在于我们心中的那盏心灯。每个人的内心深处原本就有一盏良知之灯，我们必须要点燃它、唤醒它。

有次去一个庙宇，大师说："点一盏莲花灯吧，点一盏灯，照亮你的生命。我们每一个人都能够点亮自己的心灯啊。"于是，就有许多香客前去点灯。一盏一盏莲花灯，在阳光下静静地吐着佛的香味，让点灯的人心中有了分享和方向。

"身是菩提树，心如明镜台，时时勤拂拭，勿使惹尘埃。"红尘中有许多诱惑，如尘埃包围并污染着我们的心，让我们的心中的灯没有光明，我们就是要用智慧和慈悲去点亮那盏灯啊！

给生命点亮一盏心灯，其实不难，不需要花费多大力气，只需要一颗平和的心，用心活着，用心来感受一切，很多时候都会是开心的。哪怕是一次美丽的邂逅、一回真情的握手、一顿丰盛的晚宴、一个甜蜜的美梦、一次倾心的交流，都会让人心情愉悦。因为只有点亮心灯，才能拥有一片明朗的心境，以一颗豁达的心，来应对一切突如其来的不幸，用灿烂的微笑来化解所有的伤痛。朋友，请不要忘了，随时给生命点亮一盏心灯。

古往今来，无论是谁，只要不放弃梦想，让心灯照亮生命历程，就能指明前进的方向，就能给人自信与勇气，就能助人找到生活的真善美，就能够找到人生的真谛、创造不朽的人生，从而登上成功的巅峰。

寻找撬动命运的支点

现实生活中，很多人即使享受着优越的物质生活，但他们内心深处时时被空虚、寂寞、彷徨、迷惘、烦恼所缠绕，这一切源于他们生命中缺乏一个强有力的支点。

阿基米德曾经说过："给我一个支点，我就能撬起地球。"

人生需要一个撬动命运的支点。寻找一个撬动命运的支点，它就足以将人生撬到成功的高度；找不到一个撬动命运的支点，即使用黄金铸就的杠杆，也很难把自己撬出失败的泥潭。给自己一个撬动命运的坚实支点，人生才能升华到一个崭新的高度。

撬动命运的支点到底在哪里呢?

也许不会有人给出一个亘古不变的答案。有人认为支点是亲人，有人认为支点是事业，有人认为支点是情爱，有人认为支点就是金钱、权力、名誉或其他什么东西。对支点的不同认知构成了我们这个世界的多样美。有些情况下，我们的价值感也许还不在支点本身，而在于对它找寻、论证、调整和确认的过程。

怎样才能找到撬动自己命运的支点呢?

1. 撬动命运支点的时间定位

人们往往喜欢让自己沉湎或懊悔于过去。这个时候我们忘了，如果把支点定在过去，我们就永远也不能成长。

我们又容易让自己憧憬或焦灼于未来。这个时候我们又忘了，如果把支点定在未来，我们就只能把生命空耗在肥皂泡式的幻想里。

人撬动命运的支点应该是放在当下的。把握今天，就是把握住了一生的支点。也许活在今天的人表面上没有上面两种人看上去那么深沉或高远，但只有把支点放在今天，才能够用今天拉起过去和未来的手。

当然，人生的支点会随着年龄的变化不断变化。但是不论怎样变化，今天的支点还是要放在今天。

撬动命运支点准确的标志之一，就是“支”在那儿的人累死累活却也心甘情愿。

2. 撬动命运支点的角色定位

天时地利与人和之中，所谓人和，其实说的是角色。明白自己的角色，就是自知。

由于生物遗传密码的千差万别，成就了每个人的优点特长和缺陷短处，后天教育与环境的差异更是造就了不同的志趣、性格和风采。其中既有迷人之处，又有遗憾之处。当这些“自我”能真实地表露出来时，人的魅力一定非常动人。勉强自己，一味要求自己与令我们羡慕的人看齐，常常会丧失美好的东西，而流于尴尬和痛苦。

哲人说：“诚实地向自己展开自己，这是人生一道优美的风景线。”

自知，就是要知道自己、了解自己。常言道“人贵有自知之明”，把人的自知称之为“贵”，可见人是多么不容易自知；把自知称之为“明”，又可见自知是一个人智慧的体现。人之不自知，正如“目不见睫”——人的眼睛可以看见百步以外的东西，却看不见自己的睫毛。

人都喜爱听好话、奉承话，不自知的人听到好话、奉承话，便会信以为真，飘飘然，觉得自己好伟大，他没有考虑在这些话的背后，说这话的人的目的是什么。

只有真正了解自己的长处和短处，避己所短，扬己所长，才能对自己的人生坐标进行准确定位。当你认识到自己的不足之时，也就是进步的开始。

3. 撬动命运支点的行动定位

我们常常迷信格言，好像凡是合辙押韵的就都是能指导人生的。比如我们都脱口而出，性格决定命运。其实假如这是真的，性格岂不成了人生的支点？又鉴于性格一大半是天生的，我们的命运岂不是难以改变？其实性格只影响人生的色彩和特点，它不决定命运本身。决定命运的是经过选择的行动，和行动所植根的人生支点。就说《亮剑》中的李云龙，他这人性格火暴、嫉恶如仇，但他的军事成就不是来源于性格，性格只支持了他成就战绩的方式。即便换上内向的性格，他和以他为代表的军队也一定会最终取胜。胜利的根本在军队正义的精神和行动上。

人生支点很像锚，看上去是固定的，其实锚的固定是服务于航船的行动的。寻找人生的支点，不是为了支到那儿不动，而是让我们的生活当停可停，当行则行。不论一个人把什么作为人生的支点，最终都要通过行动证明它。说自己高尚的人，未必真高尚；说别人卑劣的人，可能自己接近卑劣。真正的高尚一定是正义的精神和行动。

给自己一个撬动命运的支点，心中就要时时充满爱、责任、道义，用一颗正直感恩的心感激一切，身体力行地、无私地付出和奉献大爱。

当你给了自己一个撬动命运的坚实有力的支点，你一定会不断地在人生中注入激情和活力，不断地在人生这块巨大的画布上增添新的色彩和元素，不断地化解人生中的困境，不断地在人生中加入助燃剂，激发人生的潜能，让人生像火炬一样热烈而美好地燃烧。

动心方能动天下

“不想当将军的士兵不是好士兵。”这句话不知鼓舞了多少人走向了成功之路，成为多少人的座右铭，激励着多少人克服困难、走向成功。

这种想法，就是“动心”。从积极的基础上来说，“动心”是获取成功的原动力，动力越强，其行动就越有力；行动越有力，实现成功梦想的概率就越大。这些都是成正比的。如果你要获得成功，你就必须让你的心动非常强烈，只有强烈的“动心”才能使你奋进，才能获得成功。只有“动心”方能动天下。

“动心”，是一种持久的热望，是一种深藏于心底的潜意识。它能长时间调动你的创造激情，调动你的心力。你一旦想到这种强烈的“动心”，就会产生一种原子能般的动力，就会有一种钢铁般的精神支柱。一想到它，你就会为之奋力拼搏，就会尽力完善自我，在艰难险阻面前，决然不会轻易说“不”字。为了“动心”的目标的实现，去勇敢地超越自我，跨越障碍，踏出一条坦途。

“动心”，是信念、志向的具体化，奋斗者一定要有所“动心”，“动心”正是步入成功殿堂的动力源。许多精英俊杰都是出色的“动心”者，他们无一不是笃信“动心”能成真的。他们“动心”的目标一旦确立，就会充分发掘自己的潜能，将自己的才华优势发挥到极致，以百倍的努力冲刺、攀登。

有了积极的“动心”，人会使自己不太留意与之不相关的烦恼，不会与一般的不相关的小麻烦斤斤计较，这会使你变得豁达、开朗。因为人的注意力是很有限的，一旦他（她）全身心地为自己的“动心”而努力，去冥思苦想时，其他的事情是很难在其脑子里停留的，这个道理极其明显。

有了积极的“动心”，人就会专门去找一些相关的麻烦来解决，以便自己为实现“动心”而进行一些必要的锻炼，这样，使人在不知不觉中培养起了积极的人生态度和勇于迎接困难的优良品质。

有了积极的“动心”，能给人积极发展的勇气，在困苦艰难之际赋予我们坚韧不拔的毅力。能积极“动心”的人少有挫折感，因为比起积极的

"动心"来说，人生途中的波折就是微不足道的了。因此，拥有积极的"动心"可以优化人生进程。

"动心"就是动机、热情、兴趣、要求、抱负、梦想。一个人即使拥有世上所有的才华，但如果没有成功的"动心"，那些才华将会被慢慢荒废掉。如果你没有渴望成功的"动心"，那么即使机会出现在你的身边，恐怕你也意识不到，自然也就不能战胜逆境，步入成功。

那么，怎样才能积极的"动心"呢?

(1) 一个人要成功，就要给自己预先设定"动心"的目标。但我们要记住：设定可能达成的实际"动心"目标一定是我们所期望的。

(2) "动心"应符合自己的个性，不必强求。如果能够按预期目标来发展会更好。

(3) 对自己要自信，要认识到"动心"是驱使我们走向成功的动力，要认识到成功就是胜利。

(4) 要认识到"动心"是一种挑战，要敢于树立伟大的理想，尽自己最大的努力，不要关闭自己的潜力。

(5) 要力争做到最好。只要自己能够成为最好的人物，最好的事情就会发生在自己身上。但也要记住：当自己取得成功时，不要在胜利的荣誉中沉溺太久。

(6) 付出极大努力换来的成功并无妨，但不要持续为取得好成绩而给自己施加太大的压力。

(7) 要学会放松自己。如果我们不会放松，我们往往会失去生命过程中宝贵的东西。

(8) 要认识到我们的生命是和自己的思想相关的，只有我们有一个好的思想方法，我们才会有一个好的发展方向。

（9）通常成功者都知道成功的大小取决于信念的高低。心存疑惑，就会失败；相信胜利，必定成功。相信自己能移山的人，会成就事业；认为自己不能的人，一辈子一事无成。

“动心”是动天下的基础和前提。“动心”可以使一个人的力量发挥到极致，也可以让一个人运用一切力量，排除所有障碍；“动心”可以使人全速前进而无后顾之忧。每一个奋斗成才的人，无疑都会遇到一个选择、确定“动心”目标的问题。

因此，我们一定要确立并坚持积极的“动心”，如此，我们才会下定决心攻占事业高地；深藏在内心的力量才会找到“用武之地”。我们才会在困难中被激励、鞭策，不断向着美好的未来前进，实现人生的目标。

心大方能行天下

生于尘世，每个人都不可避免经历寒风苦雨，遇到许多不尽如人意的事。因此，心量会直接决定我们的人生轨迹。只有心大方能行天下。

纷纭的世界，我们无法拒绝被伤害。有时，甚至眼睁睁看着智慧被夺走，成就被贬低，爱情被摧残……屡屡遭遇锱铢必较的烦恼，争奇斗巧的排斥，以及阴险的算计，我们的努力与真诚换回的可能仅是一地破碎。

人活在世上，不能不在乎某些东西。于是，对于那些伤害过我们的人，有的人就用伤害伎俩重创他们。心理得以平衡之后，有一天这个人又被伤害，他又去报复。周而复始，生活终日被报复充斥，成了报复的囚徒，苍白了信仰，空虚了精神，丢掉了理想，忘却了美德，得到的只是伤害。

其实，宽广博大的心胸，并不会让自己损失很多，最重要的是超越自己。非原则性的问题，何不化解矛盾、冲突，将暴风骤雨化作春风细雨呢？如果心够大，善于宽容，你就能将怨恨、愤怒转化为融洽、和谐，换来对方的忏悔和尊重，而让自己走得更远更好。

心大是一种胸怀，林则徐说过：“海纳百川，有容乃大；壁立千仞，无欲则刚。”俗话说：“忍一时风平浪静，退一步海阔天空。”不管是做人还是做事，就要有博大的胸怀，有海纳百川的度量，让心大撑起一片蔚蓝的天。

心大是人生的深度，一个人胸怀宽广，就会站得高、看得远，就会宽待他人、善待他人。有了这样的雅量，对于别人对自己的误解、偏见，乃至讽刺、挖苦、谩骂等就会统统不放在心里，更不会为此愁肠百结、郁愤难平、伺机报复，这样的人就会使人感到可亲、可敬、可佩。

《菜根谭》言：“好丑心太明，则物不契；贤愚心太明，则人不亲。士君子须是内心精明而外浑厚，使好丑两得其平，贤愚共受其益，才是生成德量。”

这就是说，爱美厌丑的心不能过分明确，否则就不能与万物相容，无物可用。褒贤贬愚之心不能太分明，否则就不会得到别人的亲近。所以君子应是内心精明敏锐，而外表浑厚质朴，使美丑之物平衡一些，使贤德之人与愚蠢之人都得到益处，这才是君子应有的品德和胸怀，才是对人对物的心大态度。

心大的内涵是多层次、多方面的。

第一是人类要对大自然心大。保护环境，善待动物，与大自然和谐相处。要认识到，现在的人类太强大了，科技高度发达，武器高度先进，如果人类对别的动物不心大，则可在极短的时间内，使有价值的动物全部灭绝。现在人类对环境的破坏力是极强的，如果人类不善待环境，破坏了人类赖以生存的环境，比如土地沙化、温室效应、臭氧层破坏，都会威胁人类的生存。所以，对大自然的心大，也就是人类对自己的心大。

第二是人类要相互心大。国与国之间，集团与集团之间都应相互心大。人类的武器和置人于死地的手段太强了，核武器可使人类毁于一旦；生化武器、细菌武器等也能使人类遭灭顶之灾。即使常规武器对生命的威胁也很大。所以，人类要心大，先息怒，后谈事。以人为本，和谐相处，切勿刀兵相加。

第三是对父母长辈的心大。首先是对长辈的尊敬。但父母长辈是人不是神，他们的言行也不是十全十美。所以，做儿女的对父母长辈的言行过失，应该谅解。即使需要劝告的，也要讲究方式方法，和颜悦色使长辈欣然理解。

第四是对家庭成员要心大。家庭是我们每天的栖息之所，家庭成员要相濡以沫，家庭的心大气氛，会使人备感舒适美好，轻松愉快。家庭是个温馨的港湾，不是一个辩论真理的论坛，应营造心大，驱散紧张。伴侣之间以互敬互让、心大为上。

对子女教育，既要严，又要爱，做出榜样，身教第一，言教第二。望子成龙，先望子成人，在父母的呵护下，使其感受到温馨快乐。

第五是对亲朋好友邻里要心大。常言道“退一步海阔天空”。

人生进退并非绝对，很多时候，退就是进，进就是退。人情冷暖变化无常，人生道路崎岖不平。当遇到走不通的地方，须知退一步的处世之法；在一帆风顺之时，一定要有谦让三分的胸襟和美德。

在与亲朋好友邻里同事的交往中，要与人为善，微笑相迎，真诚相待。主动多作善举，大善胜小善，小善胜无善。多一些善良，多一些谦恭，多一些心大。主动表现出礼让精神，在人们交往中，感到宽松、美好、幸福。“人人都献上一点爱，整个世界将变得更加美好。”

心大是美德，心大应适度。心大不是软弱畏缩的表现，不是毫无原则的一味退让；而是一种理性的克制和忍让，是一种善意的等待和期盼。心大的前提是对那些可心大的人和事，而不是对任何人和任何事。

“心旷，则万钟如瓦缶；心隘，则一发似车轮。”心大的人，不会斤斤计较个人的得失，他们能放下尘世浮华，对人对己都不苛求，以开阔的胸怀面对人生。就像弥勒佛，大肚能容，笑口常开。心胸狭隘之人，视一发如车轮，很难有心大之心。

《菜根谭》言：“持身不可太皎洁，一切污辱垢秽，要容纳得；与人不可太分明，一切善恶贤愚，要包容得。”

想想弥勒佛的大肚能容、笑口常开，就知道心大是人类高尚的理性情感，它来源于充实的知识和崇高的道德修养。心大是向善的通道，做到和以处众，宽以接下，恕以待人。心大是一种爱，心大是以心对心去包容，去化解。当你能把虚空宇宙都包容在心中，那么你的心胸自然就能如同天空一样宽广。无论荣辱悲喜、成败冷暖，只要心胸开阔，自然就能做到风雨不惊、披靡所向，天下无处不可行。

真正的心大不是摆设与表演，也不是退却与懦弱，它是生命中的大海，即使沉默着，也有涵盖一切和关照一切的深度。由宽大平和之中认识这世界的可爱和可颂赞之处，才不辜负这难得的一生，才会拥有一种宽广的视野与波澜不惊的心态，拥有一种更为博大的生命情怀，使自己不被琐事所牵绊，而以更为强大的姿态奔跑在人生前进的路上，通行天下。

忍得住孤独，耐得住寂寞

王国维在《人间词话》里说：“古今之成大事业、大学问者，必经过三种境界：‘昨夜西风凋碧树。独上高楼，望尽天涯路’，此第一境也；‘衣带渐宽终不悔，为伊消得人憔悴’，此第二境也；‘众里寻他千百度，蓦然回首，那人却在灯火阑珊处’，此第三境也。”

第一境界“昨夜西风凋碧树。独上高楼，望尽天涯路”的含义是，做学问成大事业者，首先要有执着的追求，登高望远，瞰察路径，明确目标与方向，了解事物的概貌。这也是人生寂寞迷茫、独自寻找目标的阶段。

第二境界“衣带渐宽终不悔，为伊消得人憔悴”，作者以此句来比喻成大事业、大学问者，不是轻而易举、随便可得的，必须坚定不移，经过一番辛勤劳动，废寝忘食，孜孜以求，直至人瘦带宽也不后悔。这也是人生的孤独、寂寞的追求阶段。

第三境界“众里寻他千百度，蓦然回首，那人却在灯火阑珊处”是说，做学问、成大事业者，必须有专注的精神，反复追寻、研究，下足功夫，自然会豁然贯通，有所发现，也就自然能够从寂寞王国进入自由王国。这也是人生的实现目标阶段。由此可见，大凡成功者都是孤独而执着的。忍得住孤独，耐得住寂寞，是一个人思想灵魂修养的体现，是难能可贵的一种风范。

孤独和寂寞不是百无聊赖、无所事事，也不是散淡与停滞。真正的寂寞是一种不凑热闹、不赶时髦、不追风潮的生活境况和生存方式。只有沉得住气的人，才能收获冷静和智慧，不为浮躁世俗所左右，在充足的思考空间中沉淀、积蓄，而后发。

人生不需要急于去发布任何宣言，关键是要诚实而又慷慨地抛洒汗水。特别是在他人对自己尚不理解的情况下尚能保持住一颗沉稳而平和的心，这便是甘于孤独寂寞的超凡风度。“十年寒窗无人问，一举成名天下知。”这句话正是表现了孤独寂寞与成功的关系。大凡最终到达成功彼岸的人，大都因为他们能够在无人问津的孤独和寂寞中坚守着自己心中的梦想。

中国工程院院士、暨南大学校长刘人怀追忆60年坎坷成才路，殷殷寄语学子“忍耐是一个人成功的秘诀”。刘人怀院士认为，所谓忍耐，就是要坚定，要执着追求自己的理想。他举例说，他出身书香世家，自幼立志科技报国。1958年高考时，尽管成绩优异，但由于有海外关系，他只能无奈地选择到偏僻的兰州大学读数学系。

“但我并不消沉，而是坚持信念发愤读书!”刘人怀说，由于自己的出色表现，大一时就有幸参与了中国第一颗人造卫星——东方红卫星的研制工作，大四时就在导师的带领下走进了世界尖端的“薄球壳体非线性稳定”研究领域，这是钱学森还未完成的博士论题。“我走近了世界科技领域的前沿。更重要的是，这些经历使我感受了科学研究最重要的执着和踏实精神。”毕业后留校任教，他主动承担了飞机遥感器生产技术的攻关任务，成为我国第一个研究波纹圆板的学者。

然而，不久“文化大革命”开始，执着的刘人怀就把这项研究转入了“地下”。忆起当年每晚偷偷用简陋的算盘和对数表，进行着5位数以上的加减乘除、开方，挑战世界难题的情景，刘院士笑着说，整整4年下来，运算用过的废纸就有几大麻袋。

人要耐得住寂寞。“忍耐，更要耐得住寂寞。即使出了成果别人不认同，你也要继续埋头苦干，在沉潜中等待喷发！”刘人怀随即又以自己的成名作《波纹圆板的特征关系式》论文为例，生动地说明了这一道理。

他回忆说，1968 年他就写出了这一填补国内研究空白的论文，但苦于当时学术刊物全部停刊，根本无处发表。1970 年学校出学术专集，他马上想到把这篇得意之作放进去，但系里不同意，说这是脱离实际的理论。1972 年国家开始恢复科技刊物，他又满怀希望地投稿，却因政审问题一直拖到 1978 年才在《力学学报》上发表，迅速引起了轰动。

当年召开的中国仪表界第一次年会，就特邀年仅 38 岁的他在大会第一天发言，钱学森、钱伟长等老一辈专家都给予了高度评价：他的人生轨迹从此发生了巨大的转折。整整 10 年，研究成果才得见天日，才得到迟来的认可。回首这段往事，刘院士激励大家，在这个越来越喧嚣的时代，要学会静下来，要耐得住寂寞。

忍得住孤独，耐得住寂寞，就是不为外物所诱，抛开私心杂念，不浮躁，不盲从，保持正确的人生态度和价值取向。

很多人忍不住孤独，耐不得寂寞，一旦不能如愿，就怨天尤人，不思进取，或者转移方向，改弦更张。他们不知道倘若忍得住孤独，耐得住寂寞，就会守得云开见月明。

忍得住孤独，耐得住寂寞是生命真正成熟的重要标志之一，因为这需要一种对人生高尚的信念、对梦想强烈的追求，以及坚忍的持久力和意志力。

当一个人在内心深处找到了自己想要的人生目标后，就注定了寂寞的开始。若想做好手边的事情，就要耐得住寂寞，唯有耐得住寂寞，才能够在浮世繁华、诱惑重重的生活中镇定自若，走出浮躁难耐的心灵，让自己的心真正地沉淀下来，认真踏实地走好眼前的路，坦然真实地做好该做的事情。唯此，人生才能终有所成。

本章结语

人生为惊艳而来。惊艳的品质，一串跳荡的音符，奏响了我们心中青春的乐章；惊艳的理想，一束心灵的阳光，点燃了我们胸膛里的火焰。惊艳，能将人从迷茫的蛛网里解救出来；能使最寒冷的地方盛开鲜花。只要你咬定青山不放松，坚持自己惊艳的品质和理想不放弃，你就一定可以拥有惊艳的人生。

第四章

给自己一个战斗的理由

找到自己真正想要的

你真正想要的是什么？这个问题看起来很简单，但是意义深刻，所以并不是一个好回答的问题。

生活中最困难的事就是找到我们自己究竟想要什么。大多数人都不知道自己真正想要什么，因为我们不曾花时间来思考这个问题。

也因为很多人的一生，背负的东西太多太多，钱、权、名、利，都是想要的，一个也不想放下，以致压得喘不过气来，对自己想要什么缺乏正确认知。

于是，面对五光十色的世界和各种各样的选择，很多人往往不知所措，往往不假思索地接受别人的期望来定义个人的需要和成功，社会标准变得甚至比自己特有的需求还要重要。

而人生最悲惨的事，莫过于穷其一生去追求一种东西，到头来才发现那不是自己真正想要的东西，自己真正想要的东西，却在自己追求的过程中一次又一次地与自己擦肩而过。

如果有什么原因使我们总是得不到自己想要得到的东西的话，这个原因就是你并不清楚自己到底想要什么。就像在大海中航行，如果你不知道目的地是哪里，就只好遭受漂泊迷失之苦了。

只有明白自己真正想要的东西是什么，我们才不会下意识地接受别人强加于我们的种种动机，结果，努力过后才发现自己的需求一样都没能满足；才不会经常得到过去想要的，而现在却不再需要的东西。

那么，怎样找到自己真正想要的呢？

你可以问自己几个问题来确定自己主要的既定目标。这些问题将迫使你思考你是谁，你最想做什么。

1. 如果你明天买彩票中了500万元，你要改变哪些行为，你将如何改变自己的生活

如果你一夜暴富，成为百万富翁，与当前的行为相比，你会做出什么改变？在你到目前为止还没有做过的事情中，你会开始做哪些事情？你要停止、增加或减少哪些行为？你要去哪里？如果你立刻拿到500万元的现金，你首先会改变的是什么？

问自己这些问题，帮助自己弄清楚你真正想要的是什么。大部分人都没有想过这个问题。他们低价出卖了劳动力，因为他们认为自己能力不足或存在经济困境。由于这种受限制的感觉，他们从未坐下来想清楚他们真正想要什么。他们显现出自我设限的信念并开始将自己视为牺牲品。

根据宾夕法尼亚大学的马丁·塞利格曼博士的说法，他们形成了“习惯性无助”。他们感到无助，觉得由于缺钱而无法改变自身的状况。

但当你问自己，如果有500万元你会做什么的时候，你其实是在问自己，如果不怕失败，你真正想做的是什么。你迫使自己去决定，如果有足够的钱，你将怎样生活。通过假设自己不再有经济方面的顾虑，你将弄清楚在此后的几个月或几年里，你真正想拥有什么，想做什么事情，想成为什么样的人。

2. 如果能为自己写个人传记，你会写什么

如果你能事先设计好自己的生活，把自己的故事写下来，你希望在自己的人生里发生什么事情？你想成为什么样的人？你想完成什么事情？假设你可以为自己的人生打好草稿，如果对草稿不满意，你可以撕掉重写。假设你要为自己写颂词，你希望有人在你的葬礼上把它读给你的亲友听，你想在颂词里写些什么？在过世后，你希望人们对你有怎样的看法，你希望你人生中最重要的人如何把你铭记？

当你提出这些问题并想象如何写出自己的人生故事或讣告时，你将看清对你而言什么才是真正重要的。你练就了“长远的眼光”，并开始认清你最想在人生中实现什么成就。

3. 如果你知道自己一定会成功，你敢给自己设定的伟大目标是什么

如果任何目标——无论大小，无论是长期目标还是短期目标——你都有绝对的把握取得成功，你会要求自己实现什么目标呢？

你可以清楚地将目标写在纸上，这一事实意味着你有能力通过某种方式实现这些目标。只有欲望真正限制着你的潜能，唯一的问题在于“你有多渴望实现该目标”。

4. 你在家或在工作时最喜欢做什么

什么对你最重要？完成什么任务让你最有成就感和满足感？如果一天只能做一件事，你将完成什么任务或活动？

心理学家发现，最让人感到自尊自重的事情通常是人们认为适合做一

辈子的工作或活动。你总是喜欢做你最具天赋、最有能力去出色地完成的事情。

在你的特殊天赋和能力范围内规划自己的生活和活动，这是呈现最佳表现和取得巨大成就的关键。如果你得到了某个工作或职位，并且该工作或职位需要你所具备的特殊技能，那么在随后的两年里，你在该领域取得的进步将远远大于你在其他领域工作 10 年所能取得的成果。

5. 当前，你人生中最重要的三个目标是什么

使用“快速列单”法，取一支笔，给自己 30 秒，将答案迅速写下来。通过这种方式写出三个最重要的目标，你此时写出的答案将和你用 30 分钟或 3 小时写出的答案一样精确。你的潜意识丢弃了所有的次级目标，重要的目标或目的将从你的脑海中浮现出来，并呈现在你面前的纸张上。

然后，你可以问自己：“当前生活中最让我感到压抑的三个焦虑或担忧是什么?”给自己 30 秒写下答案。

写好这两个问题的答案之后，你就对自己当前的生活有了初步的了解，这些答案将让你更加了解自己。第一，你的三个目标几乎总是经济目标、健康目标和人际关系目标。第二，你的三个目标几乎总是你的三个焦虑或担忧的解决方法。在大部分情况下，你的三个目标都是你的三个焦虑的对立面，你可以通过实现目标来解决这些焦虑。

一个想实现理想的人必须澄清自己的思想，除去不相干的事件，并深入自己的内心，看清自己真正想要的是什么。只有这样，我们才不会劳碌一生，却做出和自己的愿望完全相反的选择。只有这样，我们才会有真正幸福的未来，成功的机会才会更多。

什么值得你一生奋斗

什么值得你一生奋斗，这是人生战场的奋斗目标问题。

人生路上，风雨雷电、困难挫折、消极痛苦，时时侵袭，每一个想要成才的人，都想要也需要为自己树立一个明确的战斗目标。而这个目标也必须是值得你一生去战斗的。

正如世间万物离不开空气那样，人也不能缺少自己的目标。

人有了值得一生战斗的目标，才会下决心去干一份自己的事业；找到值得自己一生奋斗的目标，才会感觉到“英雄有用武之地”。假如找到值得自己一生奋斗的目标，而不付出行动，成功也会离你很遥远。

有了值得自己一生奋斗的目标，就会给人以奋斗的勇气，在困难面前拥有过人的毅力，不会感到自卑和挫败感。因为与自己宏伟的目标相比，人生中的挫折就好比是汪洋中的一叶扁舟。所以，值得自己一生奋斗的目标，也可以很好地推进人生的进步。

值得自己一生奋斗的目标存在心中，即使我们从事别的职业，在潜意识中也会默默地为此而出谋划策，也会不自觉地接近自己的目标，最终美梦成真。拥有目标的人比无理想的人成功的概率要高很多。

假如你不想做平庸的人，那么就必须确立自己的目标，这样才会激发自己的潜在智慧和激情。

有人生奋斗目标的人，就不会把自己的时间浪费在那些无关紧要的烦恼上，也不会像平常人那样斤斤计较。毕竟人的注意力是有限的，一旦他把所有的精力都投在自己的人生奋斗目标上，就不会有过多的时间去把心思花在别人身上。

有人生奋斗目标的人，会专门找一些与自己人生奋斗目标相关的问题来解决，以便为更好地实现自己的人生奋斗目标打下坚实的基础。这样也会让人在不自觉中培养一种积极的人生态度和勇敢面对困难的信心。

人生奋斗目标是成功的奠基石，也是胜利路上的里程碑。人生奋斗目标给了我们一个能看得到的参照物，只要你脚踏实地地去努力，就会有真正实现的那一天。

每一个拼搏的人都向往成功，成功也是每一个奋斗的人的理想。在人生奋斗目标的推动下，人就会被激励，处于一种斗志昂扬的状态，就会积极地去努力创新，向着自己美好的明天前进。

人生奋斗目标是一种持之以恒的希望，也是内心深处的一种潜意识。它能够长时间地调动你的积极性。你一旦想到自己的愿望，就会产生一种很强烈的原动力，就会有一股坚不可摧的精神支持你。

一旦想到人生战斗目标，你就会继续前进，不再自暴自弃，在困难面前，也会勇敢面对。为了人生战斗目标的实现，勇敢超越自己，找到一片真正属于自己的乐土。

人生战斗目标不是信念的抽象化，拼搏的人都有自己的理想，也敢于做梦，也许梦想正是他们前进的动力。许多精英也是伟大的梦想家，因为他们从来都没有怀疑过自己的梦想。当他们的目标一旦确定，不管前方是悬崖峭壁，还是万丈深渊，他们都会义无反顾，将自己的潜力发挥到极致，努力前进。

拿破仑·希尔曾经说过：所有成功，都必须先确立一个明确的目标，当对目标的追求变成一种执着时，你就会发现所有的行动都会带领你朝着这个目标迈进。目标就是力量，奋斗才会成功。

古今中外凡在事业上有所发展、有所成就的人，无不有着明确而坚定的目标。可以说，一个人之所以伟大，首先在于他有一个伟大的目标。目标能够指导人生，规范人生。目标之于事业，具有举足轻重的作用。忽视目标定位的人，或是始终确定不了目标的人，他们的努力就会事倍功半，难以达到成功的彼岸。

日常生活中，你一定会先确定目的地，并且带好地图，才会出远门。然而，只有极少数人清楚自己一生要的是什么，并且有达到目标的可行计划。这些人都是各行各业中的领导者——没有虚度此生的成功者。如果你确定知道自己要什么，对自己的能力有绝对的信心，你就会迈向成功。如果你还不知道自己的一生想要追求什么，现在就开始，思考自己要什么，你有几分的决心，何时会做到。

你可以通过以下四个步骤，认清你的目标。

第一，把你最想要的东西或想达成的目标用一句话清楚地写下来。

在表述这个目标时，一定要以你的梦想和个人的信念作为基础。这是为了让你更加明确自己想要什么，同时写在纸上，也可以时时地提醒你。

第二，写出明确的计划，如何达成这个目标，清楚地写出你要怎么做。

这会让你更清楚要完成自己的目标，需要付出多少努力，会遇到哪些困难，做好战胜一切阻碍的心理准备。

第三，制订完成既定目标明确的时间表。

这会让你了解这个目标是太急了，还是太慢了。如果时间太短，达不成目标时会挫伤你的积极性，这时候你就需要给自己更多的时间；如果时间太长了，会滋生你的惰性，这时候你需要把时间缩短点。

第四，牢记你所写的东西，每天复述几遍。

这四个步骤会让你时刻牢记自己的目标，当你想懈怠的时候，可以通过这个方法激励自己。

遵照这几个步骤，你很快会惊讶地发现，你的人生越变越好。这套模式将引导你与无形的伙伴结合，让它替你除去途中的障碍，带来你梦寐以求的有利机会。持续进行这些步骤，你就不会因为别人的怀疑而动摇。

记住，任何事情都不会偶然发生，都是有一定原因的，包括个人的成功。一个人是否可以成功，确立值得自己一生战斗的目标是关键。目标是激发人前进的动力，同时也可以指引人生、规划人生。激发自己以切实的行动、谨慎的规划及不懈的努力战胜人生的"洪水猛兽"、困难险阻，赢得精彩、美好的理想实现。

向对手高傲地宣战

生活是自己创造的。每个人都会时常面对生活、工作和社会中的各种各样的问题。我们的处世方法、工作态度、努力程度、思维方式和心态信念等方面是积极还是消极，决定了我们一生的成败。因此，我们最大的对手是消极。

一个不敢向消极宣战的人，就是对自己的潜能画地为牢，这只能使自己无限的潜能转化为有限的成就。与此同时，无知的认识会使你的潜能减弱，因为你像懦夫一样的所作所为，不配拥有这样的能力。

一个人，只有具备勇于向消极宣战的精神，才有获得杰出成就的可能。我们周围有很多这样的人，他们虽然颇有才学，具备种种能力，但是却有个致命弱点：缺乏向消极宣战的勇气，只愿做像"老鼠"那样遇事谨小慎微的"安全专家"。

他们对不时出现的异常困难的工作，不敢主动发起"进攻"，处处躲避，恨不能避到海角天涯。他们认为：要想保住工作，就要保持熟悉的一切，对那些颇有难度的事情，还是躲远一些好，否则稍有疏忽，就有可能被撞得头破血流。结果，终其一生，也做不成什么大事。

还有很多人喜欢用各种借口，比如“我生来就吃不了苦”“我天生记忆力差”“我不会和人交流”等，来放任自己的懒惰和懦弱，湮灭了自己对工作、对生活的主动和热情。等发现别人通过向消极宣战获得令人羡慕的成功时，他才后悔莫及。

多数人都有过这样的体会：当我们认为某件事消极的时候，我们行动的热情就会大打折扣，甚至面对宣战时退缩不前。这样自然不会有什么好结果。就像下面这则寓言里的水牛一样。

一个老农把一头大水牛拴在一个小小的木桩上，坐在一棵树下休息。

有个路人看见了，就走上前，对老农说：“老伯，小心你的牛啊，它会跑掉的。”

老农呵呵一笑，用肯定的语气说：“放心，它跑不掉的。”

“为什么呢？你看，这么大一头牛，却拴在这么小的桩子上……”

路人指着地上的小木桩。显然，凭着大水牛的力气，挣脱这个小木桩是轻而易举的事。

老农压低声音说：“我告诉你好了。当这头牛还是小牛的时候，就给拴在这个木桩上了。刚开始，它不那么老实，不停地撒野，想从木桩上挣脱，但是它的力气小，折腾了一阵子还是在原地打转，见没法子，就不闹了。后来，它长大了，却再也没有心思跟这个木桩斗了。”

“有一次，我拿着草料来喂它，故意把草料放在它脖子伸不到的地方。我想，它肯定会挣脱木桩去吃草的，可没想到它只是叫了两声，然后就站在原地眼巴巴地望着草料，根本没有要挣脱的意思。我看哪，它是被它心里的木桩给拴上啦!”

路人突然明白了。原来，束缚住这头牛的并不是地上那个小小的木桩，而是它心里那个消极的铁枷锁。

可怜的水牛由于自小形成了消极的思维惯性，以致成年后仍不敢挣脱那个小小的木桩。尽管它有着足以挣脱木桩的力气，但却没有了向消极高傲地宣战的勇气，导致自己一直受到它的束缚，这不得不说是一种悲哀。

现实中，很多人因为曾经的失败或者仅仅是别人说他消极，就盲目怀疑自己的能力，不敢用全部努力去尝试和宣战，这岂不正像那头被自己心里的木桩困住的水牛一样吗？我们要知道，在很多时候，我们并不是被困难本身吓退的，而是被内心那消极的木桩束缚了手脚。而且，除了我们自己，没有人能在我们心里设下那个木桩。

纵观历史，每个伟大的发明和发现在刚被提出的时候都会遇到许多的阻碍，然而，它们最终都通过创造者的努力而实现了：没有发明电灯以前，人们以为用火光以外的东西照明是不可能的；在只有木船的时代，人们认为钢铁漂浮在水面上是不可能的；20 世纪以前，绝大多数人认为登上月球是不可能的；19 世纪以前，电话、电视、电冰箱这些东西更是没有人敢想象……但在今天，我们看到这一切不但已经实现，而且正在人们想象力与创造力的帮助下不断衍生出更多的可能。

所以，我们不要再相信什么消极，而是要敢于正视自我，勇于面对一切消极。

当一份看似艰难的工作摆在你面前时，不要抱着“避之而唯恐不及”的态度，更不要花过多的时间去设想最糟糕的结局，不断重复“根本不能完成”的念头——这等于在预演失败。

你应该勇敢地去主动接受它，用行动积极争取属于自己的荣誉。让周围的人都知道，你是一个意志坚定、富有宣战力、做事敏捷的一流人物。这样一来，你就无须再愁得不到他人的认同了。

面对诸多现实问题，你也许会用“说起来容易做起来难”来反驳说问题可以解决的人。其实，很多看似困难的工作，并不像你想象得那样复杂，困难只是被人为地夸大了。当你耐心分析、梳理，把它“普通化”后，你常常可以想出很有条理的解决方案。

最值得一提的是，要想从根本上克服这种无知的障碍，走出消极的阴影，跻身成功者之列，你必须有充分的自信心。相信自己，用信心支撑自己完成这个在别人眼中难以完成的工作。要知道，如果你自己拥有了足够的自信，同样也有能力化腐朽为神奇，将消极变为积极。当我们用全部的主动和努力，向“消极完成的任务”宣战！我们相信，在我们的智慧与勇气面前，一切皆有可能！

开启内心的原动力

人生中，成功不仅仅取决于人的才能，也取决于人的内心原动力。这种内心原动力使我们的生命更有力量，使我们的意志更加坚强，也使我们的成就更加辉煌。

那么，什么是内心原动力呢？内心原动力就是心愿的力量，是理想的力量，是目标的力量，是梦想的力量。

内心原动力是一个人自我形象的理想化，是自己内心的渴求。

生命就像在大海中航行的船，方向由舵手——我们自己来把握。只有勤恳努力、意志坚定的舵手，才能驾驶生命之船到达目的地。人生的茫茫大海上，狂风骤起不会只有一次，挫折也会经常伴随左右。但是只要我们有能够为我们指引前路的灯塔——内心原动力，让它来给我们指引正确的航线，那么，我们永远都不会在狂风骤雨中偏离航道，驶向未知的角落，只要有指航灯在前方照耀着，我们最终一定能够登上我们人生的理想彼岸。

一个人拥有了内心原动力是值得高兴的。拥有了内心原动力就等于拥有了人生的目标，就等于知道了自己生活的方向，就等于生命从此开始有了意义。

一只苍鹰一定是在有了想要捕捉的目标的时候，它才能够展开它的双翅；一只猎豹一定是在有了食物诱惑时，它才会迈开它的四肢；而一个人一定是在有了内心原动力时，才愿意为了内心原动力心甘情愿地忙碌一生。

内心原动力是我们行动的支撑，内心原动力是让我们生命变得更有意义的一个引领，没有内心原动力，我们就像行尸走肉一样缺少了奔走的目标与生活的激情。

内心原动力让我们每一个人都有了对未来的希望。而一个对生活有希望的人，他的精神、他的状态必然也是积极的。

鲁迅曾经说过："希望是附着于存在的，有存在，便有希望，有希望，便是光明。"的确，人活着不能没有希望，否则会像失去控制的小船，随波浮沉。希望是进取之母，它孕育着荣誉，孕育着力量，孕育着生命，它使濒临死亡的人看到了生存，使屡遭挫折的人看到了成功，使身处绝境的人看到了力挽狂澜的可能。

1903年的冬天，人类历史上第一架能够自由飞行，并且完全可以操纵的动力飞机终于诞生了。科学家牛顿有一句名言："如果我比别人看得远些，那是因为我站在巨人们的肩上。"这句话很适合最终成功发明第一架飞机的美国人莱特兄弟。当人们激动得昂首望向天空时，呼唤着莱特兄弟的名字，多少人的内心原动力终于变为现实。在莱特兄弟的幼小心灵里，就开启了将来一定制造出一种能飞上高高蓝天的东西的内心原动力，他们相信有一天一定会有这样的东西出现在世人眼前。

哲言说："我们因有内心原动力而伟大，所有大成者都是内心原动力家。"大成者之所以能够做出瞩目成就，都源于他们拥有伟大的内心原动力。他们为自己的人生设定了不同寻常的高度，并在努力实现它的过程中不断发出要求、强化允许，使自己充分发挥内心原动力内驱力的作用，从而有效地吸引来自己想要的东西。如果没有内心原动力，他们也就无法完成积极的吸引，或许只能做个碌碌无为的人。要么，就像走在迷途之中找不到方向，只能在茂密的丛林中胡乱穿梭，无法到达理想的目的地，也无法实现人生的价值。

因为有了内心原动力，所以，他们能够在心中产生一种积极向上的激情，这是一种非常宝贵的心灵动力，也是驱动吸引的本源力量。它能够最大限度地实现允许，激发人的潜能，最终实现创造，达成自己的心愿。

一个人的成功不在于他所处的地方，也不在于他行动的多少，而在于他人生的内心原动力。总想着自己要达到的目的，一年、两年、三年之后，你想成为什么样子或许就真的成为什么样子。树立内心原动力，坚持内心原动力，学会向宇宙列清单，要求自己想要的一切，宇宙会通过吸引力法则，将它们一件一件带到你身边。丢失了内心原动力，你就失去了驱动吸引力法则的能量，也就等于拒绝了宇宙的帮助。

内心原动力是激发人的潜能、成功吸引、突破极限的动力之源。伟大的内心原动力造就伟大的人物，而开启内心原动力则能够吸引身边的一切资源为我所用，帮助自己尽快达成所愿。

一个人如果能够开启自己的内心原动力的话，那么他在遇到困难的时候，就能够拥有坚持不懈、跨越苦难的勇气和力量；在小有成就的时候，就不会因为自己现在的成绩而沾沾自喜。一个远大的内心原动力，是获得幸福、满足的人生的基础。

积极开启内心原动力吧，让内心原动力的光辉为我们的生命插上腾飞的翅膀，让我们用积极的心去打造属于我们的理想的王国！

寻找生命中的合伙人

一个人的精力是有限度的，想成大事，就要明白与人和谐相处的重要性。每个人不可能独立地在社会上行事，要善于与人相处，寻找到生命中的合伙人，只有这样才能有发展、有大的作为。

合伙意味着一个整体大于各部分之总和，意味着各个部分彼此之间的联系本身即构成一个部分。它不仅是一个部分，而且是一个最能激发人的潜力、最能赋予人们力量、最富于凝聚力和最能鼓舞人心的部分。

合伙能把人类特有的天赋、双方皆赢的动机以及出众的交流技能，全部集中用于应付我们在生活中面临的严峻挑战，由此所产生的结果几乎堪称奇迹。

合伙可以取人长补己短，互惠互利，能让合伙的双方从中受益。如果双方都是懂得合伙，善于合伙的伙伴，则合伙能带来巨大的收益。只有这样，才能取得惊人的成绩。

现实生活中，创业时彼此尚能同甘共苦、同舟共济，而一旦有了胜利果实，彼此就会为各自的利益争个面红耳赤，最终导致合伙失败。所以，这就需要我们既要选择志同道合、素质高的合伙伙伴，又要将丑话说在前头，签订详细、完善的合伙协议。单单以称兄道弟的友谊为纽带，难免在未来遇见一些不可测的问题时，产生矛盾和冲突，导致合伙触礁。

很多创业者在选择“合伙人”时，总喜欢在熟悉的“圈子”里找。由于彼此熟悉了解，因此在创业初期常凭感情做事，对于企业中出现的经营方向、用人问题、财务问题等也大都以忍让、和解的方式处理，而忽视了签订必备的契约和制定严格的约束制度。于是，随着企业的成长，这种工作关系引发的矛盾和问题会逐渐显露，不仅不利于企业的快速发展，有时甚至会导致企业步入破产境地。

私心太重，合伙缺乏诚意，不信守承诺，是创业合伙中常见的事，也常常成为投资失败的诱因。事实上，一个人太过聪明，总企图在合伙中占点小便宜，把合伙伙伴当作傻瓜，结果一般都会是“聪明反被聪明误”。一旦双方反目或互相扯皮，受损失的是合伙的双方。作为一个投资者，如果你打算寻找一个合伙伙伴，你就一定要有与对方真诚相处的准备，1 加1等于2，1 减1 就是0，1 虽比 2 小，但却大于0。所以，如果你不能做到与合伙对方真诚相处，最好还是一个人单干。

理想的合伙者不仅要求知根知底，相互信任，而且要求双方在能力、性格上都有较好的互补性。默契的合伙者，有可能在长期的合伙中成为知心朋友，但知心朋友并不一定都能成为最好的合伙伙伴，所以在选择合伙人的时候，千万不能感情用事。商场不认友情，只讲事实。感情代替不了理智，不要被感情的温情面纱蒙蔽住眼睛，迷惑了头脑，最后为了“讲感情”，其实却伤害了双方的感情。有一些合伙人往往会患上多疑症，害怕合伙伙伴损害自己的利益，处处防范，最后搞得不欢而散。所以，在这方面也要避免犯错误。

有些人觉得自己投资多，能力强就颐指气使，将自己当成救世主和百事通，这样很容易引起合伙者的反感，激化矛盾，导致两败俱伤。这种人也不宜与他合伙。

总之，具有合伙意识，善于与人合伙，是创业成功的一项重要素质，但是一定要慎重选择合伙伙伴。找对了创业合伙同伴，有助于你顺利走上成功之道。

被誉为中国历史上三大谋臣之一的刘基，字伯温。他在元末明初的政治舞台上左右逢源，最终为大明王朝的建立起到了至关重要的作用。

刘基虽才华横溢，但是却官场失意。到年近五十时，他以为此生将不再有什么机会了，一身的才华抱负也就要付诸东流。谁知道此时农民领袖之一的朱元璋再度请刘基出山，刘基对朱元璋半信半疑，很不愿意出山，经朋友再三劝告，刘基到了朱元璋驻扎的应天。

到了应天之后的刘基，心情仍然很抑郁。朱元璋召见他那天，他懒懒散散地来到朱元璋的帅府，见朱元璋时只略略一拜。当朱元璋问到关于如何建立功业时，刘基随机想出了治国十八策，说得朱元璋点头称是，亲自为刘基斟茶，继续向他征求有关军事作战等各方面的意见。

朱元璋为了笼络像刘基这样的文人，专门修了一所礼贤馆，对文人们给予很高的待遇，而且一旦听到他们有什么高明的见解，立刻予以采纳。刘基感到终于遇到了明主，决心利用自己的军事才能，死心塌地地追随朱元璋，为其出谋划策。

从此，朱元璋把刘基当成心腹谋士，事无大小，都要同刘基商量。

朱元璋称呼刘基时只用先生而不呼其名，借以表示尊重。这就更加增强了刘基报答知遇之恩的愿望。

最后在刘基、徐达、常遇春、李善长等众多武将文臣的辅佐之下，朱元璋终于一统江山，开创了大明王朝的百年基业。

成功学的研究者们对于1500名取得了杰出成就的人物进行了调查和研究，发现这些杰出成就者有一个共同的特点：注重与他人合伙，以此来提高自己的能力。

科学家曾在风洞试验中发现，成群的雁以V字形飞行，比一只雁单独飞行能多飞12%的距离。人类也是一样，只要能跟同伴合伙而不是彼此争斗的话，往往能走得更高、更远，而且更快。

最好的一种帮助来源（也是最容易被人忽略的）就是家庭，特别是配偶。如果妻子或丈夫并肩工作，而不是仅仅随便应付，你就能更快、更轻易地达到目标，而且会在达到目标的过程中获得更多的乐趣。如果配偶在开始时未能分享你的热忱，你也不必太吃惊或失望。把你的主意好好地推销给对方，让配偶知道能拥有他或她的合伙与兴趣是多么重要的事情，而且在这个过程中你们两人都将大有收获。这种紧密的结合与共同的兴趣极其重要，因为这将使你们建立起比较有意义的关系，那本身也是一个美丽的目标。

正所谓“独木难支”“孤掌难鸣”，当你想要有所作为的时候，只有寻找到生命中的合伙人，才能既快又稳地攀上事业的最高峰，用有限的精力开拓出灿烂的人生。

本章结语

有了给自己一个战斗的理由，生活中就有了希望，我们才会勇敢地踏上征程，迈出坚定的步伐，并不停歇地走下去，直到实现梦想。而没有战斗的理由，人生就会像一只无头苍蝇，到处碰壁，常常失败，身上的锐气也就会被消耗殆尽，然后在毫无生机的日子中瘫倒在地，从此一蹶不振。现在就给自己一个战斗的理由吧！有战斗理由的人生不寂寞，有战斗理由的人生不消极，有战斗理由的人生收获更多。

第五章

没有人能让你低头，除非你跪下

信什么都不如信你自己

在生活中，很多人在遭遇困境时，往往认为冥冥中上天早已如此安排，任何努力都是徒劳的、白费工夫的，于是消沉、沮丧，把自己宝贵的前程和命运委诸上帝去主宰。丢弃自己的权利，让其他人的意志来决定自己生活的人的确不少。他们把自己上学、择业、婚姻……全部托付或交给他人，失去了自我追求，进而也就失去了真正自我，最后变成了一个没有一点价值的人。他们或许不曾想过，命运其实就掌握在自己手里，能够改变命运的只有自己。

每个人都是一座无尽的宝藏，只要肯挖掘，必定能挖掘出无穷的力量和智慧，从而改变自己的命运。信什么都不如信自己。

通常人们的所作所为，反映了两种不同的思维方式。一种是悲观消极的思维方式，自卑的心理，其结果必定是可悲的。另一种是积极向上的思维方式，充满自信的心理，成功便会不期而遇。前者过高地估计他人，过低地估计了自己，遇事认识不到自己具有的能力和事情本身存在的可能性。越是这样，越是逃不出自己的思维方式，就越认为自己不行，而将命运交给外界。这样就必定要依赖他人，受他人的控制。如此这样，每失败一次，自信心会受到一次伤害，久而久之，一切就会依照别人的意见行事，一切就有可能让外物来控制，可悲的事就会接踵而来。

而后者由于用正确的观点评价别人和看待自己，所以，在任何情况下，都不会丢失自己，而是以自己的力量打拼出理想的一方天空。

爱迪生曾经试图用1200种不同的材料作白炽灯泡的灯丝，都没有成功。有人指责他："你已经失败了1200次。"可是爱迪生不这样认为，他充满自信地说："我的成功就是发现了1200种材料不适合做灯丝。"

假如我们遇事都能这样思考，运用这种积极的思维方式，哪里还能有烦恼？哪里还能有自卑感？自卑感的存在和产生，不是自己在能力和知识上不如人，而是自己不如人的心理和感觉在作怪。为什么会产生不如人的心理和感觉呢？是因为有些人往往不用自己的尺度来判断和评价自己，却爱用别人的标准来衡量自己。弊端就是爱拿自己和他人作比较，尤其喜欢拿别人的优点和长处与自己的缺点和短处作比较。而这些不一样的东西，是不可以进行比较的，越比较，就越自卑。

这些简单、明显的道理，只要我们相信它、接受它，我们遇事就能掌握正确的思维方法，保持良好的心态，丢掉自卑，找回自信，学会让自己支配自己，自己规划自己的生活，自己计划自己的人生。

如果我们相信能够成功，成功的可能性就能大大增加：假若我们心里认定不会成功，就永远不可能成功。没有信心，没有追求，我们就只能俯仰由人，一事无成。

所有人都会制订一些人生的目标，而要实现这些目标，首先一定要知道，信什么不如信自己。要相信自己能够做到。在实现目标的过程中遭受挫折时，请记住，困难都是暂时的，只要充分相信自己，终会等到云开雾散的那一天。而丧失自信心，不仅会带来失败，还往往会酿成人间悲剧。

居里夫人曾经说过：“生活对于任何一位男女都非易事，我们一定要有坚韧不拔的精神，最要紧的，还是我们自己要有信心。我们一定要相信，我们对一件事情具有天赋，并且不管付出什么代价，都要把这件事情做完。当事情完结的时候，你要可以问心无愧地说：‘我已经尽我所能了。’一个人只要有信心，那么，他就能成为他所期望成为的人。”

人们通常把自信比作发挥主观能动性的闸门，启动智慧的马达，这是非常有道理的。确立自信心，正确评价自己，发现自己的优点，肯定自己的能力。自信不是孤芳自赏，夜郎自大；也不是得意忘形，不是一点根据也没有的自以为是和盲目乐观。而是鼓励自己奋发进取的一种心理素质，它代表着一种高昂的斗志、充足的干劲、迎接生活挑战的乐观情绪，是战胜自己、摆脱自卑、逃脱烦扰的一个灵丹妙药。

你可以相信命运，但你必须同时相信命运在自己手里，而不在别人口中。你可以信仰任何一种宗教，但你必须同时明白信什么都不如信自己。只有自己足够自信、足够自强、足够自觉，你才能不迷信、不迷失。才能使自己成为命运的主宰，才能调动自己与生俱来的巨大潜能改变命运。

平庸，是因为伟大的浓度不够

一个人之所以碌碌无为、一生平庸，虽然他可以找出许多理由，来为自己掩饰、辩护，但根本原因只有一个，就是志向不够伟大，也就是缺乏足够伟大的志向。

成功的人生首先需要有伟大的志向。伟大的志向是人生之旅的航标，没有志向的人生，就好像失去了方向的航船，徘徊不前，最终会被风暴吞没。

志存高远，执着追求，是一切成功者的共同特征；没有目标和信念，就不可能成就事业：“才须学也，非学无以广才，非志无以成学”，只有坚定了自己的信念，树立起人生的伟大志向，并为之艰苦奋斗，出色的人生才会向我们招手。

生活中有很多这样的人，他们要么是做什么事都持以听天由命的态度；要么没有伟大的理想和目标，凡事得过且过；要么因缺乏信心，认为好多事都是实现不了的，于是不再为此而努力……如此种种，都不会获得成功。所以，请不要被那所谓的命运所束缚，也不要武断地评论他人的命运。如果一个人凡事都畏缩不前，犹犹豫豫，不敢积极去追求而任由消极情绪支配自己的想法，最终也只能是一生都碌碌无为，不能获得任何成就。

一名不想成为将军的士兵很难在军队中出类拔萃；一个不想成为大企业的拥有者的创业者，注定要在自己的小圈子里转；一位不想成为领袖人物的政客，往往只能影响一小部分力量。因此，你要敢想、敢做，才有可能把自己的目标变成现实。

一个人如果想获得成功，就必须要以高标准来要求自己，为自己划定更高的目标。若是总拿普通人的目标作为标准的话，你永远都只能是一个普通人。当然，在确定了自己的目标之后，你还要有足够的自信，相信自己能够成功，能够成为佼佼者，能够为了实现目标而无所畏惧，这样你就能成为同类竞争对手中的佼佼者。

许多年前，有一位穷苦的牧羊人带着两个年幼的儿子以替别人放羊来维持生计。一天，他们赶着羊群来到一个山坡，这时，一群大雁鸣叫着从他们的头顶飞过，并很快消失在远方。牧羊人的小儿子问他的父亲："大雁要往哪里飞？"父亲回答说："它们要去一个温暖的地方，在那里安家，度过寒冷的冬天。"他的大儿子眨着眼睛羡慕地说："要是我们也能像大雁一样飞起来就好了。"小儿子也对父亲说："做个会飞的大雁多好啊！"

牧羊人沉默了一下，然后对两个儿子说："只要你们想，你们也能飞起来。"

两个儿子试了试，并没有飞起来，他们用怀疑的眼光看着父亲。牧羊人说："让我飞给你们看。"于是他飞了两下，也没有飞起来。牧羊人肯定地说："我是因为年纪大了才飞不起来，你们还小，只要不断努力，就一定能飞起来，到任何想去的地方。"

父亲的话使两个儿子产生了飞起来的梦想，并坚持不懈地努力。一天，牧羊人带回一个小玩具，用橡皮筋做动力，使它飞向空中。两个儿子觉得很好玩儿，照着仿制了几个，都能成功地飞起来。他们因此兴致倍增，并引发了制造飞机的想法。后来经过反复试验，世界第一架飞机诞生了。

牧羊人的这两个儿子就是美国的莱特兄弟。

莱特兄弟的故事和无数成功者的人生告诉我们：有志向才会有结果，有伟大的志向才能带来人生的成功：如果一艘航船在大海中失去了方向，而在海上打转，它很快就会把燃料用完，而永远到达不了彼岸。一个人若是没有伟大的志向，以及实现志向的明确计划，不管他如何努力工作，都像是一艘失去方向的航船。因此，要想拒绝平庸，攀越人生巅峰，获得人生的全面成功，我们就必须设定伟大的志向。

我们一定要把“从现在开始，三年、五年或十年以后我们会走到哪里”这个问题放在心里，因为这件事与我们将来的发展有很大关系。我们应该确立自己的目标，这是迈向成功的第一步。

我们在考虑未来时，一定要以长期目标作为我们人生的理想。只要有了目标，我们就会全身心地投入，为目标的实现而努力工作。当我们为实现目标而努力时，我们的所作所为只会朝一个方向发展——那就是目标的方向。如此，实现目标便不再是梦想，我们应该拥有伟大的志向，这样才能激起我们对生活的热情。同样，由于有了这种伟大的志向，我们的人生才能有较大的发展。如果没有伟大的志向，暂时的阻碍也可能会构成无法避免的挫折，如家庭问题、疾病、车祸，以及其他无法控制的种种情况，都可能是重大的阻碍。而如果我们有了伟大的志向，就会对消极的情绪作出正确的、积极的反应，就会懂得：挫折，不管多严重，都是进步的垫脚石，而不是绊脚石。

实现伟大的志向需要奉献、训练与决心。我们一生为之奋斗的伟大志向，一定可以帮助我们拒绝平庸，实现人生的美好梦想。

永远扼住命运的咽喉

贝多芬在正值创作高峰的时期耳聋了。这对一般人而言是个致命的打击。然而贝多芬却对友人说：“我能屈服吗？不能，我要用双手扼住命运的咽喉！”于是，他以更投入的状态将自己的音乐天赋发挥得淋漓尽致，耳聋后的贝多芬创作了许多伟大的乐章。

某大学的张斯通先生，小时候口齿不清，对文字的理解糟透了，他甚至写不出一篇优美的文章来。但他并没有因此气馁，他研究了自身的特点和兴趣，决定把数学作为自己的主攻方向。语言粗糙，他不在乎，因为研究数理问题并不需要表达得多么优美，他在别人看来枯燥乏味的公式和演算中找到了自己的位置。功夫不负有心人，后来他终于成为了一位备受尊敬的数学教授。在他获得数学奖的颁奖大会上，他的口齿依然不清楚，他的演讲稿依然文笔不美，然而这反而成了他的独特风格，赢得了台下一阵阵的掌声。

在生活的海洋中，事事如意、一帆风顺地驶向彼岸的人是很少的。或学习上遇到困难，或工作中受到挫折，或生活上遭到不幸，或事业上遭到失败，这些都有可能发生。当困难出现时，我们不要唉声叹气，自认倒霉；也不要悲观绝望，自暴自弃；更不要怨天尤人，诅咒命运。而应该在厄运和不幸面前，不屈服，不后退，不动摇，顽强地同命运抗争；在重重困难中冲开一条通向胜利的路，成为征服困难的英雄，掌握自己命运的主人。

我们在社会中生活就会有种种需要，有需要得不到满足或目标无法实现就会产生挫败感。俗话说“人生不如意十之八九”，道出了挫折的普遍性。挫折是生活中的重要组成部分，它普遍存在于社会生活中，是不以人的主观意志为转移的。所以说，生活中有挫折是自然的、正常的，就如同自然界和社会中的万事万物一样，都是在曲折中前进的。

挫折是把双刃剑，它具有双重性，一方面，适度的挫折具有一定的积极意义，可以使人磨炼意志、增长智慧，帮助人们驱走身上的惰性，促使人奋发图强；另一方面，也可以使人意志消沉，变得软弱无力、畏惧退缩、不思进取。如遭受严重挫折后，个体会在情绪上表现出抑郁、消极；在生理上，会表现血压升高、心跳加快，容易诱发心血管疾病，胃酸分泌会减少，导致胃溃疡、胃穿孔现象等。

实际上，种种经常被视为是失败的事，也只不过是暂时性的挫折。挫折只是我们在实现目标过程中遇到的一些障碍和困难，并不代表我们已经失败，并非不可战胜。这只是生活在向我们暗示，告诉我们哪种方式出了问题，哪条路不适合走，如果我们及时进行自我调整，就可以重整旗鼓，摆脱困扰。

应对挫折的方法主要有以下几种。

1. 提高认识，正确对待挫折

生活不可能总是和风细雨、阳光明媚，我们总是要与挫折共生共存。正确对待挫折的关键，在于认识到挫折常在，学会以史为镜，以事励人，不断提高自身认识，遇到挫折时有充分的心理准备。这样才能在面对挫折时不至于惊慌失措或灰心丧气，受到挫折后也能够分析原因，吸取经验教训，从而提高自己对挫折的耐受力。

2. 树立远大目标，坚持不懈

认识到挫折是暂时的，冷静分析，不因为遭遇挫折而放弃，正确的处理个人与远大目标的关系，能够经受种种小的失败和挫折，在挫折面前不失去前进的动力。相信自己只要坚持努力，成功就在不远处，让挫折帮助我们成长。

3. 改变视角，一分为二

改变引起挫折的情境，转化视角是应付挫折行之有效的方法之一。通常采用的方法是减少原来环境中的不利刺激，学会总结经验，在逆境中奋发图强。同样的遭遇，我们可以从积极和消极两个角度看，从消极角度看，人们只会慨叹个人的不幸；从积极角度看，我们可以看到无限生机，这样在新的情境中克服原来的对立情绪，重新建立良好的人际关系，放下包袱轻装前进。选择的权利始终在我们自己手中，关键看你如何把握。

4. 采用精神发泄法

当一个人处于挫折中，常会用一种非理智的情绪反应来取代理智行为。如果能使这种紧张的情绪适当地宣泄出来，就能获得心理平衡，恢复理智。

精神发泄法主要是指通过创造出一种情境，使受挫折者可以自由地发泄自己受到压抑的感情。面对挫折时，不同的人会有不同的态度。有的人惆怅，有的人犹豫。当自己心情烦躁，用理智控制不了时，可以通过找老师、家长、同学或朋友，好好倾吐一下自己的苦衷、愤怒和不平，获取别人的理解和帮助，以此减轻自身的烦恼。从心理健康角度而言，适当的宣泄可以消除因挫折而产生的精神压力，可以减轻精神疲劳；同时，宣泄也是一种自我救助措施，它能使不良情绪得到相应的淡化和减轻。幽默和自嘲就是发泄郁闷、平衡心态的良方。所以，当你遭受挫折时，不如用阿Q的“精神胜利法”，想着“吃亏是福”“有失有得”等来调节一下你失衡的心理，冷静看待挫折，用幽默的方法调整心态。

5. 合理运用心理防御机制

心理防御机制是指个体处于挫折和冲突的情境时，在其内部心理活动中具有的自觉或不自觉地减轻不安、解除烦恼，以此恢复情绪平衡与稳定的一种适应性倾向。在日常生活中，心理防御机制是一个相当普遍的心理现象。在矛盾和曲折的人生路上，如果没有心理防御能力，我们是很难适应环境的。积极的心理防御机制有助于我们适应挫折，化解困境；而消极的心理防御机制只能起到暂时平衡心理的作用，不能从根本上解决问题。一般来说，建设性防御机制能够发挥个体的主观能动性，减轻或免除心理压力，形成缓冲期，使受挫者积累精神能量，再做成功尝试，最终实现目标。所以，心理防御机制需要我们准确认识和合理把握，适时适度发挥其积极作用。

在人生的旅途上，遇到各种各样的挫折是在所难免的。面对挫折，是想方设法战胜它，还是绕着走？勇敢者的选择只能是前者。因为只有勇敢地战胜挫折，我们的人生才有意义，我们的事业才能成功。

宣布一个“不可能”的未来

一个人活着，往往不会被别人打倒，却经常被自己打倒。因为，最大的成功或者最大的失败，不是在舞台上，而是在每个人的内心深处。

很多时候，生活就像攀爬铁索桥，失败的原因，不是因为力量的薄弱，不是因为智商的低下，也不是因为身体的疾患，而是被周围的声势吓破了胆。

为什么有些病人得了不治之症，医生说他还有半年的时间，可是他活了20年还是好好的呢？没有一个人说自己是用好药延长了寿命，个个都认为靠着心中的信念，对未来充满希望，所以过得很快乐。

获得成功的人，会觉得唯有信念方能左右命运，因此他只相信自己的信念。当做别人看来不可能的事时，如果我们能在潜意识中去认为“可能”，也就是相信可能做到，信念会从潜意识中激发出极大的力量来。这时，即使表面看来不可能的事也能够做到。因此，不管身处怎样的环境，我们都要勇敢地向世界宣告会有一个“不可能”的未来。

心理学告诉我们，信念是人对自身所相信事物的坚定，是人的动机系统的重要组成部分。它给人的行为动机以力量，指引着人们应该如何想和如何做，不应怎么想和怎么做，并为人的愿望、兴趣、态度和行为提供充足的理由。

大雁能飞到温暖的南方，因为它坚信温暖就在前方；小树能长成参天大树，因为它坚信光明就在头顶上；人能走向成功，因为他坚信未来就在自己手上。

人生的起点从信念开始，人生的闪耀由坚守创造，坚守信念创造出人生的辉煌。拥有积极信念的人，他们会乐观看待生活，积极应对困难，暴风中引吭高歌，风雨中一路前行。因为他们相信自己，他们拥有信念。

信念对于生命的重要性，有时如同沙漠中同行的两个人对自己手里的同样的半瓶水的看法。有人看到只有半瓶水，可能悲观绝望，对走出沙漠不抱希望；有人看到还有半瓶水，可能会感恩欣喜，相信有机会突出重围，走出困境。两种不同的信念造就不同的结果。信念是我们在困境中馈赠自己的礼物，这份礼物将使我们无比富有。

信念有一种无与伦比的力量，它甚至可以创造奇迹。作家丁玲曾经说过：“人，只要有一种信念，有所追求，什么艰苦都能忍受，什么环境也都能适应。”这就是信念的力量，只要拥有一种坚定的信念，我们就可以在任何艰苦的环境里跋涉前进，直达目标。

生活困顿时，信念是美丽的灯盏，给我们照亮前行的路；落魄失意时，信念是手中的拐杖，支撑着我们走过人生的低谷。生命中，信念不灭，希望永存。

信念可以使弱者变成强者，信念是我们的生活动力。是否拥有一个积极的信念，决定了我们是否勇于宣告一个“不可能”的未来；是否拥有一个积极的信念，对我们的当下以及未来的生活将产生巨大的影响。

那么，怎样培养积极的信念呢？

1. 对自己有合理的期望

当你对自己有期望时，你会发现自己会有采取行动的欲望，这时你成功的可能性就会更大。当然，对自己的期望必须合理，否则过高或过低的期望，都会给我们带来挫败感。

2. 幻想自己达成目的场景

泰勒博士说脑成像的研究表明，当一个人幻想时是有视觉化体验的，这种体验与我们真实地看到物体时大脑的激活的区域是相同的，而我们的大脑是区分不了哪些是真实的，哪些是幻想的。我们常闭上眼睛想象自己已经完成了自己的目标，这个时候我们就会有成功的体验，就会更加坚定自己的信念。

3. 自我暗示

无论你对自己重复说什么，无论你说的那些正确与否，事实上你都会慢慢接受。如果你对自己一遍遍地重复一句谎言，最终你会把那谎言当成事实来接受，而且你会信以为真。幻想自己达成目的的场景也是一种自我暗示，所以经常保持乐观的心态，积极暗示，你的自我预言就可能会成为现实。

信念好比航标灯射出的明亮的光芒，在朦胧浩瀚的人生海洋中，牵引着人们走向辉煌。高高举起信念之旗的人，对一切艰难困苦都无所畏惧。相反，信念之旗倒下了，人的精神也就垮了下来。而从来就不曾拥有过信念的人对一切都会畏首畏尾，在漫长的人生旅途中抬不起头，挺不起胸，迈不开步，整天浑浑噩噩，看不到光明，因而也感觉不到人生的幸福和快乐。

因此，我们一定要对未来抱有坚定的信念，勇于宣布一个“不可能”的未来，让人生充满积极的前进动力，使人们创造一个又一个的奇迹，做出让自己都难以相信的成就。

勇敢向宇宙下订单

你身上发生的一切事情，无论好坏，都是你自己的思维和想法吸引来的。你的思想时刻发射出某种信息，影响了你周围的事物，促使它们朝着你想要的方向发展。

在生活中，你想要什么，便会得到什么。我们每个人都是一个活磁铁，我们生命中的财富、成功、幸福、健康都是我们吸引而来的，同样，一个人之所以失败、贫穷，也是因为他内心吸引的结果。这就是吸引力法则，一个亘古不变的宇宙法则。

这个法则告诉我们，美梦成真是可以实现的，因为宇宙有求必应，宇宙有能力让你拥有梦想，宇宙也有能力让你梦想成真。

你要做的是勇敢地向宇宙下订单。愿意让宇宙中已经创造出来的东西进入你的生活中，就是说你首先要与你的渴望和梦想的振动一致，之后宇宙会回应你的本原和目标的振动。如果这两种振动契合的话，那你的梦想和目标就会变成看得见摸得着的实物了，这就是创造和吸引的过程，是思想物质化的过程。目标形成后，要把这个目标可视化，让你每一天都能感受到这个目标的存在。那么，根据吸引力法则，对于你的人生来说，你就由默许创造变成了故意创造。你经常关注你的目标，你的内心允许的目标，就会激发起愉快、向上的情绪。你只要有目标和渴望，宇宙就会对你做出回应。你的允许、你的良好感觉会促使你实现目标，让你的美梦成真。

福特有一句名言："你认为你行或者不行，你都是对的。"思想决定现实，一个人想什么，他就会做什么，最后他就会得到什么。吸引力法则强调个人的主观能动性，特别是强调人的思想和信念对事件结果具有决定性的影响。要想改变结果，就必须改变思想。

也就是说，在日常生活中，你最关注的事物往往最有可能出现在你的生活中。很多人之所以没有过上他们"希望"的美好生活，主要是因为他们通常并没有专注于拥有这些事物，而是专注在他们没有这些事物上。

如果你专注于自己如何获得健康，如何获得财富，如何快乐地生活，那么你的生活将会充满希望。

向宇宙下订单的步骤如下。

1. 清楚自己到底想要什么

这也可以说成弄清你内心深处的愿景是什么？你的愿景就是你所向往的前景，你的愿景决定你的人生和事业。因此，建立一个水晶般清晰的愿景就显得越发重要。

在制定愿景时，你可能会想不要什么，想避免什么。但吸引力法则给你的回应可能会跟你的想法有所不同，它在你内心深处，听到你告诉自己不想要什么，引起它关注的不是“不想”，而是其后面的“要什么”。

因此，你只能把带有“不想”“不要”“别”等词的语句作为你内心深处的参照物，不能作为你的愿景，你应该在参照物的基础上，弄清楚自己内心到底想要什么。比如，你不希望自己吃饭太多，怕长胖，你则可以转换一下表达，如希望自己少吃点。

当你的注意力从你不要的移到你想要的，你的用字会改变。用字变了，频率也会变，而你一次只能送出一种频率。想知道你发散出去的是正面频率还是负面频率，只要看看你生命中所得到的一些结果就可以了。

明确你到底想要什么后，在制定愿景时，一定要描述清楚，尽量做到清晰。比如，上文小张制定愿景时，应该清晰地告诉自己什么时间做到什么样的位置，达到什么样的收入水平。只有百分之百地确定自己的愿景时，你才更容易继续留在自己选定的道路上。

2. 专注于你的愿景

所谓增强频率，就是对你的愿景倾注更多正面能量与关注。这是能否成功运用吸引力法则的关键。

在工作和生活中，光辨识你想要的愿望是不够的，还要对其给予正面的关注力，如此方能确保你的愿望和你目前的频率一致。如果你清楚了解自己的愿望，却不予以关注，吸引力法则就没有办法发挥其相应的作用。

可以采用以下两项措施：一是把愿景纳入你的能量圈。这里所谓的能量圈，是指你对其给予持续关注、施加正能量的范围。你必须让那个频率成为你现有的频率，因为那正是吸引力法则回应的对象。如果你列出愿望清单然后又把单子收起来放进抽屉里，你的愿望将无法彰显，因为吸引力法则不会回应放进抽屉里的东西。它只回应目前存在于你能量圈里的东西。二是学会用语言来关注你的愿景。一般常用的工具是许愿文和重造肯定句式。

3. 与愿景合一

与愿景合一指的是不要有负面频率，如怀疑就是一种负面频率。与愿景合一是自主性吸引中最重要的步骤。

如果你对它深深相信，它就存在，就能对你产生很大的影响，它也就能很快实现；如果你对它深深怀疑，它就对你不起作用，它也就基本上不能实现。

宇宙回应你愿景的速度和你与愿景合一的速度成正比。怀疑是一种负面频率，而怀疑通常来自原先的信念。与愿景合一，就是要求破除原来信念的影响，让新的信念和愿景来主导你的思想和行动。

有学者研究归纳了十种愿景合一工具，其中最常用的工具是话语合一。

话语合一的目的是减少或移除任何阻止你得到你所要之物的怀疑。

说出合一的话语后，你会感到轻松。也就是说，你会相信你真的会吸引你想要的。相信就是去除怀疑，就是一种信心。

可以利用以下三个措施完成你的话语合一。一是反复读你的许愿文，借此来找出你的怀疑之处。比方说，如果你的理想是一周工作四天，而你心里听到一个微弱的声音说："那是不可能的，因为……"那就写下你的怀疑。二是问自己，目前有没有人做了你想做的，有了你想有的。如果有，有多少人做到了，什么时间做到了。三是用第三人称写下你的话语，因为自己对自己的话可能会存在更多怀疑。另外，要注意你所说的要可信，要完全符合自己内心所想。

有两个办法可以检验，你是否与愿景合一。一是与之前相比，你是否感到轻松了，心理压力小了，比以前舒服了。二是正能量是否开始聚集，并在你的身上发挥作用。

4. 接收

满心喜悦地接收。如同农夫一样，春天耕种，夏天培育，秋天收获。春天播了种，并对庄稼灌溉施肥，进行精心培育，秋天收获就是水到渠成，顺理成章了。同样的道理，你在向宇宙下订单时，你已经向宇宙表达了你的要求，传达了你需要什么东西，并且相信自己一定可以得到想要的结果，这个时候，你知道要得到这些结果该做什么事情，该付出多大的努力。对于直销人员来说，或许就是借由学习，使自己变得更优秀：每天多打 5 个邀约电话；每天多拜访一次客户；每天多讲一次计划；每天多向领导人咨询一次；每天对自己的团队伙伴多辅导一次……当你这样去做的时候，你就是在耕耘培育，你就有条件、有资格享受秋天的果实，得到自己想要的结果。

在接收时一定要有美好的感觉，要满心欢喜。

试想若是你想要的事物已经得到，将会是什么样的感觉，你就用这种感觉来感受它。因为当你感觉良好时，你就是把自己放在你所要的事物的频率上。

这是个充满情感的宇宙。如果你只在理智上相信某事，但背后却没有与之对应的真实感觉存在，那么，你就不会有足够的力量在生命中得到你想要的事物。你必须对它“有所感觉”，这种感觉越真切越好。坚信自己的愿景一定能实现，坚信自己勇敢地向宇宙下订单能够美梦成真。你坚信积极能量就会将你真心想要的愿景逐渐推到你面前。

“退路”让你无路可退

许多人习惯在前进之前便为自己留好退路，有人认为这是智者的行为，未雨绸缪，万一事情失败了，也不至于太被动难堪。但是，在一个人知道还有一扇退却之门为他而开的时候，他就不会发挥全部的潜力，也就很少能走向成功。因此，有退路，绝对不是一件幸事，它会成为人前进的包袱、逃避的借口。

反之，只有具有切断后路的勇气和气魄，才能切除惰性，用全部的精力去做事。抱着任何阻碍都不能使你向后转的决心，才能全力以赴去奋斗，才能在没有了任何退路的情况下开辟出另一条路，取得梦寐以求的成功。

所以，渴望成功的人们，目标定下来后，就一心一意做下去，不要给自己留退路。“退路”让你无路可退。

古希腊著名演说家戴摩西尼在年轻时演说能力很差，虽然他也经常练习，但却始终安不下心来，总是练上几分钟就开始坐不住，想出去溜达溜达，所以他的演说能力总是没什么提高。为了让自己能安下心来练习，戴摩西尼用剪刀将自己的头发剪得“阴阳怪气”的，同时也剪掉了他的退路。

戴摩西尼害羞得无法出去见人，在别无选择的情况下，开始在家里努力、拼命练习，没过多久，他的演说能力便有了很大的提高，后来成为古希腊的大演说家。

不留退路，就是给自己一条出路。只要拥有不留退路的精神，就会一心一意去面对眼前发生的一切，就会有意想不到的收获。

人，往往是在慢慢地等待中消耗了自己。在无谓的等待中，在慢慢地适应中，消磨掉的是才华、能力和信心，最后只剩下无奈和惆怅。就像在慢慢加热的水中的青蛙，在不知不觉中把自己埋葬了。如果是投入沸水中的青蛙只需轻轻一跃，就给了自己一条生路。

每一个人都有潜力，如果不把自己逼迫到一定程度，这种潜力是难以发挥出来的。因此，我们做事的时候，不要有意识地给自己留下退路，这样可以激发潜力，调动激情，坚持到底，取得成功。

尽管有人说话、做事习惯留一手，认为这样进可攻，退可守，收放自如，万无一失，但事实并非如此。一个人在生活中，如果事事都刻意地留下一些退路，说白了，岂不是失败也有了退路。留有退路，就潜藏着懈怠、自我安慰，最终可能导致自我麻痹、自我毁灭。“留有退路”的“益处”，却成了导致你无路可退的“坏处”。

因为有了退路的存在，人们往往会产生一种惰性，一种依赖，这种惰性与依赖将会阻碍你奋进的脚步，影响才能的发挥。

常言道“有压力才有动力”，不留退路，其实正是自我加压，逼着自己不懈地努力。

面对冰箱质量问题，海尔集团不留退路，举起沉重的大锤砸向了自己生产的冰箱，把企业逼向了“以质量求生存”的道路。海尔集团正是自绝退路，才把自己的产品推向了国际市场。世界首富比尔·盖茨也曾自绝退路，毅然放弃了拿取大学文凭的机会，才把自己推向了微软市场。

个人想要干好一件事情，成就一番事业，就必须一心一意，全神贯注地追逐既定的目标。在漫漫人生路上，当我们难于驾驭自己的惰性和欲望，不能专心致志地前行时，不妨断掉退路，逼着自己全力以赴地寻找出路，我们往往只有不留下退路，才更容易赢得出路，最终走向成功。

做好一件事情不容易，不仅需要能力、水平和运气，更需要心无旁骛的注意力，需要不留退路的决心和勇气。有时候，退路决定出路，退路少意味着出路多，退路多意味着出路少。

一旦下了决心，不留后路，竭尽全力，向前进取，那么即使遇到千万困难，也不会退缩。如果抱着不达目的决不罢休的决心，就会不怕牺牲，排除万难，去争取胜利，把那犹豫、胆怯等妖魔全部赶走。在坚定的决心下，成功之敌必无藏身之地。

一个人有了决心，方能克服种种困难，去获得胜利，这样才能得到人们的敬仰。所以，有决心的人，必定是个最终的胜利者。只有有决心，才能增强信心，才能充分发挥才智，从而在事业上作出伟大的成就。所以说，“退路”让你无路可退。

没有人能让你低头，除非你跪下。因一点点挫折而对成功失望，因一丝丝乌云而否定明天的太阳，在失败中痛苦得不能自拔，表面上是要求理解，实质上却是在乞求怜悯和同情。这样的将彻底失去自我。那些在人生中屡战屡败，但从不放弃、绝不跪下的人，最后才能成为最优秀的成功者。永远相信：成功者永不放弃，放弃者永不成功。

第六章

世界太吵，停下来听听自己

本源，找到最真实的自己

在这个世界上，每个人都真实地存在着，所以真实的自己不需要被创造出来，只要我们找到它即可。对于个人来说，最重要的莫过于找到最真实的自己。这才是人生幸福的来源。但是，世界上最难的就是正确地认识最真实的自己。

阿尔伯特·哈伯德曾说："现实生活中，由于各种原因，很多人不能正确地认识自己。有的人是对自身的某一方面不满意，而拒绝认识自己，不承认或不接受自己的真实面目，甚至特意伪装自己，逃避现实；有的人是不愿意承认自己能力有限，而盲目去做一些力不能及的事情；有的人把真正的自我掩藏起来，希望在别人眼中树立另一个形象……这些都是缺乏勇气、不能接受真实自我的表现。"

如果询问1000个人，可能会有990个人说自己最了解自己。但真实情况真的如此吗?

看看我们自身，从我们来到这个世界的那一刻起，我们就在认识这个世界的同时，认识着自己，并随着活动范围的不断扩大，认识也逐渐加深。于是，我们会更加关心自己的内心世界，认为自己需要了解自己，了解自己的为人处世是否成熟，了解自己能否独立安排自己的生活，了解自己能否承担起生活的责任，等等。

但并不是所有时候我们都能找到问题的答案，当我们无法对上述问题给出答案的时候，我们开始变得恍惚、迷茫。这时候，我们开始觉得自己好渺小，渺小到可以忽略不计。于是，不由得悲从中来，觉得自己活得太渺小、太卑微了。或许正应了那句话：认识别人易，认识自己难。往往不知不觉就迷失了最真实的自己。

有一只乌龟在沙滩上晒太阳时，几只螃蟹爬过来，它们看到乌龟背上的甲壳，便嘲笑道："瞧瞧，那是一只什么怪物啊，身上背着厚厚的壳不说，壳上还有乱七八糟的花纹，真是难看死了。"

乌龟听后，觉得很羞愧，因为它自己早就痛恨这身盔甲，可这是娘胎里带出来的，它没法改变，只能把头缩进壳里，想来个眼不见、耳不听，还能落得个清静。

谁知螃蟹们见乌龟不反抗，便得寸进尺："哟，还有羞耻心呢，以为把头缩进去，你就能改变你一出生就穿破马甲的命运吗?"乌龟没有应答，螃蟹自讨没趣，于是走了。

乌龟等螃蟹们走后，伸出头，迈动四肢，找到一处礁石，把它的背部靠在礁石上不停地磨，想磨掉那件给它带来耻辱的破马甲。

终于，乌龟把壳磨平了，马甲不见了，但弄得全身鲜血淋漓，疼痛不堪。

这天，东海龙王召集文武百官开会，宣布封乌龟家族为一等伯爵，并令它们全体上朝叩谢圣恩。

在乌龟家族里，龙王一眼就瞧见了那只已没有马甲的乌龟，大怒道："你是何方妖怪，胆敢冒充乌龟家族成员来受封?"

“大王，我是乌龟呀!”

“放肆，你还想骗朕，马甲是你们龟类的标志，如今你连标志都没有了，已失去了本色，还有什么资格说是乌龟!”说完，龙王大手一挥，虾兵蟹将们就将这只丢掉本色的乌龟赶出了龙宫。

可怜的小乌龟并不知晓自己马甲的作用，最后将自己弄得面目全非，被赶出乌龟家族。

正如世上没有两片相同的树叶一样，在这个世界上，也没有两个人是完全相同的。

我们每一个人在这世上都是独一无二的。以前没有像我们一样的人，以后也不会有。

万事万物都有特别的灵气，不同的人有不同的特质，每个人都是独一无二的，各式各样的人都有属于自己的精彩。不要去羡慕他人的人生，我们有自己的个性，有自己的人生使命和风采。因此，我们要找到最真实的自己，活出自我本色，才是对生命的真正尊重。

事实上，认识自己、了解自己早已成为有智慧的人们竭力践行的一件事。因为他们比普通人更清楚，一个人要想活得清醒、活得透彻，要想在人生路上少犯错误，要想让自己实现人生的理想，就必须做到认识自己、了解最真实的自己。

1. 我们要清楚最真实的自己到底需要什么

生命中最为重要的就是搞清楚自己究竟想要什么，但事实上大多数人都没有真正花时间来思考这个问题。面对多姿多彩的世界和林林总总的选择，很多人常常手足无措。就如同在茫茫大海中航行，倘若你不知道将驶向何方，就注定了一生要忍受漂泊之苦。在你决定自己想要什么，需要什么之前，一定要先进行一番心灵探索，发现自己的真正需要。只有这样，你才能在生活中一往直前，轻松阔步。

2. 我们要发现和找到最真实的自己的价值

心理学家发现了一个有趣的现象：许多人之所以不能成功，关键是不能充分发现自己的价值。常常对自身的缺陷讳莫如深，这实际上是一种误区：人有许多资源，缺陷也是其中一种。只有善于发现自己，充分利用自身的资源，才能最大限度地发挥自己、挖掘自己。即使是一种缺陷，也并非没有可利用的价值。

平凡的荒原，孕育着崛起，只要你肯开拓；平凡的泥土，孕育着收获，只要你肯耕耘；平凡的细流，孕育着能量，只要你肯累积；平凡的我们，孕育着希望，只要我们肯发现。

3. 我们要不断地超越自我

每个人都在期望着成功，然而成功并不是风和日丽的坦途。它需要我们有一种披荆斩棘和承受厄运的勇气；同时，我们还必须学会正确地审视自己、发现自己。如果我们太过注重或满足于一次小小的成功所带来的廉价惊喜与荣誉，那就只能削减我们超越自己的勇气，我们应该不时地发现自己的不足，向自己发出全新的挑战。

只有不断地挑战自己，超越自己，我们的生命才不会流于平庸，我们自身的价值才会得以淋漓尽致地发挥。

人生中，权力、名誉都是身外之物，人人都可尽力为之，可是不会有人能取代你活出你最真实的人生。

因此，我们要学会做自己的领导者，认真地审读自己，找到最真实的自己，按照自己的个性去发展。

勇敢地去做最真实的自己吧！放弃抱怨，放弃在意别人的言论，走自己的路。这条路，才是真正有意义的幸福之路。

每个人都会被生命询问

“生命”是个很直观而又很神圣的字眼，也是人们常常挂在嘴边的词，好像谁都知道。但是，生命的意义是什么？生命到底有没有意义？在纷纷扰扰、繁忙喧嚣的世俗生活中，我们应当追求一种什么样的生命意义？

这些问题的答案一直是人类苦苦探询和孜孜以求的。

生命的意义是关于生命的积极思考，是个人正在努力实现的自己给予高度评价的生命目标。具体说，包括个人存在的意义，寻求和确定获得价值的目标，并去接近这些目标。

生命的意义的内涵包括以下三方面：一是生命的意义是对个人所理解的“生命”的执着。二是生命的意义是对所理解的“生命”价值的内部标准，并用此标准去度量对“生命”意义的实现程度。三是生命的意义是按照“标准”评价自己“生命”的作用。因此，生命的意义可以说主要包括两个方面：对生命的意义的执着和对生命的意义的理解。一个人对自己生命的意义的认识一般比较稳定，并会逐渐转化为不同时期的信念和价值体系。

爱因斯坦曾说：“一个人活着就应该扪心自问，我们到底应该怎样度过一生，这是个合情合理的问题，也是一个非常重要的问题。”

一个人在生活中如果没有找到自己生命的意义，会产生如下严重的后果：第一，当探索生命意义的过程中遭受挫折时，就可能被生存的空虚感所笼罩，便会转而寻求享乐和金钱作为补偿；第二，生存意义的挫折感和价值观的矛盾会导致心理疾病；第三，缺乏对生命意义的认识是大学生自杀的主要原因。研究发现自杀的人缺乏对生存的重要信仰和价值的认识，当遇到较大的压力时，往往会放弃解决问题的努力和尝试，而选择轻生。弗兰克曾提出过“星期天精神病”的概念，他说很多人在忙碌了一周以后突然间变得无所事事，于是感到内心的惆怅和空虚。许多人自杀是因为生存的空虚感造成的；许多人的忧郁情绪、攻击性和沉溺于药物等也是由于在他们心灵深处的空虚感造成的。很显然，人们需要意义和精神，绝不仅仅在严重压力之下，还在他们的日常生活中。

1. 生命的精神层面需要追寻意义

人的生命是有限的、短暂的，由于生命的有限，人才追求精神的无限，用对生命意义的追求来弥补自然生命的有限。正因为如此，人的生命是有限与无限的统一，也是身体与精神的统一。人不仅是一种“饮食男女”的自然存在，更是一个精神的追求者。表现为人对理想、感情、道德、信仰、价值的追求。因此，在有限的自然生命里，人会不断地追问“为什么而活着”。

2. 生命的短暂需要意义来超越

无常让人的生命显得脆弱而又短暂，似乎一切如白驹过隙，过眼云烟。人们通常只注意到“短暂性”所余下的残株败梗（如容颜的衰老、生命的终结等）。却忽略了过往所带来的丰盈谷仓（其间，收藏了那曾经属于他且永远属于他的言行、喜乐及痛苦）。那一切都不会被否定也不会被忘却，存在过了就是一种最确实的存在。只要我们牢记人类存在的短暂性，不断地抉择，积极解决问题，追寻自己生命中不朽的意义。那么凡存在过的，便会永恒地存在，因此它们就从短暂性中被解救及被保存起来。

3. 体会生活的意义

一个人如果能够理解并承担生活中的责任，就会感到满足和充实，才能真正体会到生活的乐趣和意义。

4. 确立生活的目标

对生命意义的探求使人在不同人生阶段确立自己所面对的生活目标，在朝向实现目标的过程中感受到活得充实、活得丰富、活得精彩。

5. 意义承载生命之路的困难

我们必须认清一个事实，真正重要的不是我们对人生有何指望。我们应该认清自己无时无刻不在接受生命的询问。面对这个询问，我们不能以说话和沉思来答复，而该以正确的行动和作为来答复。到头来，我们终将发现生命的终极意义，在于探索人生问题的正确答案，完成生命不断安排给每个人的使命。明白了忍受生命之路的困难的意义，我们就能有勇气面对所有的痛苦，把软弱的时刻和黯淡的泪水减到最低量。加强自我顽强性，坚定自己沉着、不轻言放弃、不断尝试解决问题的决心。

6. 意义直接影响心理健康

研究发现，个人对生命意义的追寻和执着在人的一生中都能够起到缓解压力的作用。由于人们对生命意义的执着，使得他们能够对消极生活事件有新的不同的解释，使他们有能力在消极事件中找到积极的意义，从而提高他们应对消极事件的能力。

那么，怎样追寻和实现生命意义呢？

首先，热爱生命，在现实生活的积极展现中赋予生命以意义。

生活总是有生命的生活。生命是生活之本，对生命的热爱是生活意义的根源。热爱生命就是积极去生活，生活不是身外之物，生活就在人的身边；热爱生命，意味着要抓住现在，努力将生命展现于当下，不沉溺于回忆，不耽于幻想。只有真正热爱生活的人，才能处处享受到生活的欢乐，深切体悟着生命的意义。

其次，提升自我意识，在审察自我中发现生命的意义。

自我意识是对自我存在、自我认识和实践活动的认识和评价。个体对自我人生价值的询问正是建立在个体自我认识的基础上的。人们只能在审察自我、理解自我、超越自我的过程中获得生活的意义。自我意识的强弱在某种程度上决定着主体对自身发展的自知、自控、自主的程度，从而决定着其主体性的发展水平。

再次，向死思生，在挑战苦难中实现生命的意义。

个体的生命体验不仅有愉悦、幸福的人生体验，还有生活中的重大挫折、苦难、逆境甚至死亡的威胁。这些负性体验并不都是有害的，只有在面对苦难和死亡时体验生活的失意，才能更好地体会到生命的脆弱和不可逆转，进而体悟人生这一过程的有限性和意义无限性。

最后，激发责任感，在创造性劳动中开创生命的意义。

人对自己生命意义的追求和探寻不仅仅停留在满足于发现生命的意义，体验生命的意义上，更在于创造生命的意义。人只有通过自己的实践，进行创造性的劳动，才能满足社会和他人的需要，升华自己的精神境界，使自己的生命价值得以实现和发展。而这种创造性的生命活动，又源于有高度的社会责任感，以及担当责任的勇气和能力。

“人为什么活着”的答案，最后总是取决于如何回答，谁在回答，在什么情境下回答。这就正如我们去问一位下棋高手说：“大师，请告诉我在这世界上最好的一步棋如何下？”事实上根本没有所谓最好的一步棋，而是要根据弈局中某一特定局势，以及对手的特点而定。生命的意义也是如此，它因人因事因时而异。

人的生命必然是存在意义的，只是每个人所承载的生命使命会因时因地而不同。而且，每一个人都是独特的，也只有他具有特殊的机遇去完成其独特的天赋使命，体悟其中的真谛，明白生命中潜伏的意义，我们的人生才能得以升华。

让灵魂跟上自己的脚步

当今的社会，生活节奏快得令人喘不过气，紧张、疲乏与劳累时时侵蚀着每个人的健康，搞得人们心力交瘁。以紧张来说，紧张过度，不仅会导致灵魂的迷失，甚至严重的精神疾病，还会使美好的人生走向阴暗。只有舒缓紧张情绪，放松自己，放慢脚步，才能让灵魂跟上自己的脚步，才能在人生的道路上踏歌前进。

慢生活并非让你放弃自我、无所事事，它与物质的富有程度也没有多大关系，慢生活中的“慢”更多的是一种健康的心态、一种积极的生活态度。对我们普通人来说，每一天都是当“慢人”的好时候，只要你运用得当，做个有品位、有资本的“慢人”绝不是什么难事，更不是什么坏事。

埃玛·盖茨博士是大教育家、哲学家、心理学家、科学家和发明家，他在艺术领域和科学领域有许多突出的成就。拿破仑·希尔曾带着介绍信前往盖茨博士的实验室去见他。于是他领希尔到一个隔音的房间去，这个房间里唯一的家具是一张简朴的桌子和一把椅子，桌子上放着几本白纸簿、几支铅笔以及一个可以开关电灯的按钮。

从谈话中希尔慢慢得知：盖茨博士每次遇到棘手的问题时，就走到这个房间来，关上房门坐下，熄灭灯光，让全部心思进入深沉的集中状态。他就这样运用“集中注意力”的方法，要求自己的潜意识给他一个解答。等整个思路比较清晰明了时，他就会立刻抓紧时间把它记录下来。

埃玛·盖茨博士曾经把有些发明家努力过却没有成功的发明重新研究，使它尽善尽美，因而获得了二百多项专利，他就是能够加上那些欠缺的部分——另外的一点东西。

在忙碌的现代社会，只有放慢脚步才能找到生活的美，才能在自己的生活体验中发现新的深度。漫步在幽深的小路上，呼吸着清新的空气，透过林荫，怀着一种悠闲的心情细数阳光洒在地上碎石般的条纹，或者闭上眼睛，感受扑面而来的淡淡花香。仰天长望，几朵白云在轻轻地飘；哼一首无名的小曲，默念一首小诗。这些都会让你的灵魂跟上来充分地感受到生活之美。

“慢”，生活和工作之间的一个美丽的平衡点；慢生活，一种有条不紊、有张有弛的生活节奏。在现代社会的快节奏生活中“慢”下来，以平和的心态面对生活中的各种压力和诱惑，你会感受到生命的不断丰富。

生活好像一盏灯，把脚步放慢一些，灯就被点着了，点亮的灯会照亮生活中原本十分平凡的瞬间。而那些不懂得慢生活的人，永远只会被生活所累，看不到生活中最精彩动人的细节。

慢生活不仅是一种生活态度，更是代表了一种全新的生活理念。以下慢生活的方式就是你的选择。

1. 慢慢吃

医生建议用15～20分钟吃早餐，中、晚餐则用半小时左右。对于老年人，每口饭菜应咀嚼25～50次，每顿饭吃30分钟左右。娱乐圈的美女最注重身材，为了瘦身，几乎每个女明星都有一套属于自己的秘方，骨感美女翁虹的美体秘方，其中最健康最有效果的，那就是饮食时细嚼慢咽。

2. 慢慢工作

这代表了一种更为自由、开放、弹性的工作方式，尽管还要为工作和业务拼搏，但可以把努力工作当作一件很愉快的事。

85岁高龄的金庸先生曾说：“我的性子很缓慢，不着急，做什么都是徐徐缓缓，最后也都做好了，乐观豁达养天年。”金庸先生不尚奢华，只是羡慕“且自逍遥没人管”的生活。

3. 慢慢运动

慢生活的流行使乒乓球、羽毛球、游泳、瑜伽、太极拳等慢运动也如火如荼地开展。

瑜伽一直是娱乐圈美女们最崇尚的健康运动之一，35岁的钟丽缇无疑是其中的瑜伽狂人。瑜伽让她的身体变得柔软，举手投足更加充满魅力。如今她已被时尚界评为“拥有如维纳斯一样的性感躯体，是亚洲女性的出色样本”。

4. 慢慢休闲

休闲就是身体和灵魂放轻松，让平时劳碌的身体停歇，让紧张的神经彻底放松，让浮躁的心态沉淀下来。以下九种方式是“慢慢”们最喜欢的休闲活动：钓鱼、学画画、跳舞、登山、耕田、击剑、出海、骑马、打高尔夫球。

5. 慢慢读书

从阅读中追求优雅和舒适的生活。善待自己的生命，也用心守候着自己灵魂的家园。

在当今香港影坛中，最富艺术气质的影星，当推双梁。一为梁朝伟，另一为梁家辉。不过梁朝伟的气质很有自然的因素，一看就是个艺术胚子，梁家辉的气质却更像是厚积薄发所成。他的随笔集《我对你说》多年来在《文汇报》副刊开设的“辉笔而就”专栏上刊登，持续近二十年，且内容涉猎甚广。

6. 慢慢听音乐

慢慢听音乐，可以辅助疾病的治疗，有增进食欲、消除疲劳、舒缓神经、消除抑郁、增强自信、催眠的功效。

名人陶喆最爱音乐，但音乐对于他已经不仅是一项工作，而是内化到生命里去，和生命紧紧相连的一部分。一个在音乐中常常感到激动的人，自然拥有一颗年轻的心。而这年轻的心，也是使他依然充满活力的原因。

7. 慢慢社交

在社交中要慢慢升温，不温不火，宽容忍让，学会换位思考，学会相互体谅。

慢下来，细心欣赏一朵花的盛开，沉醉于一阵微风拂过，细想人生百味，咀嚼生活点滴，是何其简约和透彻的事情。在“快餐时代”，懂得适时慢下来，才能让容易迷失的灵魂跟上来，才能在工作和生活中找到平衡的支点，升华人生质量和境界。

当你用心你会感动自己

在匆匆忙忙的生活中，很多细节好像都被忽略了。有些人归结于竞争激烈的社会中充满浮躁的气息；有些人认为，是被工作磨平了棱角；又有些人认为，自己早被这样一种快节奏的生活所麻木。是因为浮躁吗？是因为没有棱角吗？还是因为真的麻木了？

也许都有点，也许又都没有，只是在这样的社会中，人们越来越缺乏心灵的感动。

感动，在人们心灵深处，要靠我们仔细体会；感动，就在我们身边；感动，就在大大小小的事情里。因为有了感动，我们的生活才充满了阳光；因为有了感动，我们才有了动力。

记得一位哲人曾说过：“如果生命中没有东西能让你感动，那么你也不值得他人感动。”的确，没有感动，就不会有激奋，不会有理解，更不会有许多的人间真情。学会感动，是生活所需要的。一个容易被感动又能使别人感动的人，实在是幸福的。很多时候，繁忙的生活会让我们忽略了身边的人和事。往往他们做的很多事情都与我们密切相关，而因为我们的粗心却视而不见。其实，感动存在于生活的每一个角落。只要我们用心，那一个个感人的瞬间就会映入我们的眼帘，感动我们的心。关键是你能不能用心体会。

一个普通农妇，几十年如一日精心照顾孤寡老人，近期被评为感动地方的道德模范。当人们问起她做好事的信念时，她说："不图什么，就图个心安。"朴实的话语，反映出一个普通人高贵、美好的心灵，也道出一个简单的道理：无论做什么事情，先用心感动自己，才能感动别人。

事实上，不论是靠卖羊肉串、收废品资助贫困学生的汉子、老人，还是其他许多感动我们的好人，等等，走近他们就会发现，支撑他们高尚行为的不是外在的好评或奖励，而是用心的真诚，这也是心中爱的体现。没有充满"爱"的真诚用心，可能会在一时、一地做些好事，却不可能长期、广泛地坚持。

细心观察我们的周围，凡是感动我们的人，他们必有坚毅的真心、不屈的意志，自己选择的生活方式和事情，充满激情和热情，保持认真和用心，从而体验到了精神上的感动、满足和心灵上的由衷快乐。

一个人如果不能用心感动自己，往往就与创造和进步无缘。巴尔扎克在《论艺术家》中说："从事艺术就是为艺术本身服务，只能向艺术要求艺术能给的乐趣，除了艺术在静寂与孤独中所赐予的宝藏之外，不能向它要求其他的宝藏。"沉醉于精神创造的人，那幸福美妙的境界是难以描绘的。

牛顿有一天早晨思索一个问题，直到第二天早晨，人家发现他还是在同一个姿态下在那里沉思。可以设想，如果牛顿内心对自己所从事的研究没有深沉、痴迷的爱，只想着论文和职称，盘算着荣誉和利益，任由无数苹果落地，也难有经典力学上的重大发现。

同样的工作，不同的人来干会有不同的效果，有才智和能力的原因，更重要的是心态。一个教师、导游，第一次讲解，尽管稚嫩，但往往很受欢迎，就因为他们带着感情的付出，用自己的心与学生、游客交流。

但是有些人经不住日复一日、年复一年的单调重复，厌烦了、麻木了，每天的讲解变成了机械、呆板的背诵，热情少了，敷衍多了；耐心少了，应付多了。这样的讲解怎么可能感染人、教育人、引导人呢？作家刘墉说：“会说话的人，要先感动自己再开口。”不只是教师、导游如此，其他行业莫不如此。只有对自己的工作保持神圣感、自豪感，做工作的主人，才能用心投入其中，做出非凡的成绩，成为超越“匠人”的“大师”。

现实中，总有人抱怨工作没意思、不充实。其实，职业择人、岗位择人是时代的总体特征，多数人都不能随心所欲地选择职业，并且任何职位都免不了琐碎的劳作和孤寂的奋斗。与其被动地接受工作，不如沉下心来，寻找其中的乐趣，发挥自己的聪明才智，把平凡的工作干出特色。

我们每一个人，都应该从用心感动自己做起，首先让自己满意，再感动社会，实现人生辉煌，实现人生价值和幸福。

哭泣，你内心世界的真实声音

泰戈尔说：“你看不见你自己，你所看见的只是你的影子。”很多时候，我们的内心都为外物所遮蔽、掩饰，喧嚣与浮躁占领了我们的感受，因此忽视了去听一听自己内心的声音。总是否认自己心灵真实声音的呼唤、否认压抑的情绪。难过了、悲伤了、痛苦了、忧虑了，不敢哭泣，强行压抑。于是，往往会因此积累到情绪“大爆发”的失控。

晓峰正值而立之年，他说从他记事以来，他就没哭过。由于历史原因，晓峰几个月大时被父母送到乡下外婆家，从小就被大他12岁的正值青春期的舅舅教训，还有他的小姨，特别爱掐他。在晓峰的记忆中，被外婆一家追着打的那一次他才七岁……小学毕业后，晓峰终于被父母接回身边。父母逐渐发现，面对任何事情，晓峰都不会掉一滴眼泪。他们知道，晓峰一定有心理上的问题，却又不知如何是好。

我们在人生中，难免会遇上生活变故、天灾人祸，心理素质好的，能控制和调节自己的情绪，使自己心理平衡。但意志比较脆弱、情绪容易失控的人，就会引起较大的情绪波动，进而形成心理疙瘩，心理疙瘩也就是心理情结。如果这些情结越结越深，不能及时排解，会使正常的心理功能受到干扰，受到损害，致使心理功能失调、障碍、紊乱，进而影响到生理功能的波动、异常，使植物神经功能紊乱，内分泌失调、免疫功能下降，各种各样的疾病随之而来。医学上的心因性疾病这个概念，通俗地说，就是心病。医学研究证明，心理状态对于疾病的发生关系很大，癌症、冠心病、高血压、糖尿病等这些病症的发生都跟人的心理有很大的关系。

至于排解和疏泄心理郁结的方法有很多，将痛苦和委屈通过哭泣发泄出去是最有效的方法之一。有专家称，哭泣是缓解精神负担最有效的“良方”。最明显的例子如有一种叫神经性胃炎的消化道疾病，当情绪紧张的时候，胃就开始一阵阵痉挛性的疼痛。这实质上是胃在“消化”你的紧张情绪，是一种心病。假如这时你能哭泣一场，把委屈连同眼泪一起挥洒掉，这个病自然会不药而愈。

相反，把痛苦和委屈强忍在心里，害处可就大了。医学家们通过化验人的情绪性眼泪，发现它含有一种有毒的生物化学物质，会引起血压升高、心跳加快和消化不良等症状。这些有毒物质，其实就是心理情结的产物。因此更加证明，人的心理和生理是有着绝对的关系的。此外，人在哭的时候，会不断地吸一口口短气和长气，这大大有助于呼吸系统和血液循环系统的工作。泪液的分泌还会促进细胞正常的新陈代谢，不让其形成肿瘤。不要以为不会哭，就是真的坚强。能及时把痛苦和委屈哭出来，你的身心才会健康。

哭泣不但是对情绪的缓解，还有其他重要的生理功能。从医学角度来看，眼泪是泪腺分泌出来的一种液体，泪腺位于眼球的外上方。一般人每眨一次眼，眼睑便从泪腺带出一些泪水来。当人们眨眼时，泪水对眼睛便有清洁作用，如可以冲掉异物、刺激物等。

无论在怎样的情况下，流泪都能起到积极的作用。流泪可以将内心的难过情绪转化成一种实在而具体的东西，有助于降低伤痛感。

流出来的眼泪使心理创伤更加具体化、形象化。它所产生的结果就如同笑一样，会使人们的压迫感一点一点地消失，获得释放，并让身体感受到前所未有的放松。

好莱坞著名影星简·方达说过：“当你陷入困境之时，只要学会哭，那么一切都可以解决。”

尽管哭泣对身体健康是有利的，但是哭泣也是有时间限制的，不能太长，不应该超过一刻钟。如果长久压抑在内心的情绪得到释放、缓解后，那么，此时你就不应当继续哭泣了，否则就会影响身体健康。因为人的胃肠机能对情绪起着主导作用，悲伤或哭泣时间超过一定的限度，胃的运动概率就会降低，胃液分泌减少、酸度下降，进而导致食欲不振，引发各种胃部疾病，严重危害身体健康。

同时，哭也不可以随意使用，要懂得适度的原则，不要遇到不顺心的事情就用哭来解决。如果在遇到困难的时候，一个人不积极主动地采取有效的方式去解决，只知道用哭来发泄，那么，长此下去，应对困难的能力就会降低很多，不利于人的身心健康。

古语有云："忍泣者易衰，忍忧者易伤。"可见，该哭时不哭，对健康危害极大。难过时，应尽情地哭，尽情地发泄，把心中的不快都哭出来。

有人写过这样一段话：生活如同蜿蜒崎岖的小径，如果摔倒了，想哭就哭吧，有什么好怕的，无须装模作样。这不是软弱，而是一种直率的表现，因为大哭一场并不会影响前行，反而会为你增添一份小心。鸟语花香，景色迷人，赏心悦目，想笑就笑吧，有什么，不用故作矜持。这不是骄傲，而是直率，因为笑一次并不会影响前行，反而会增添一份信心。

在人生的旅程中，每个人都不可避免地会经历很多伤心、高兴、紧张等情绪，通常你都无须压抑自己，有情绪就释放，想哭泣就哭泣吧，让你内心世界的真实声音发出来后，你的身心一定会更加健康。

本章结语

我们不是孤立地生活在这个世界上的，但是生活喧嚣，世界太吵，如果你试图不断依赖别人，你就难以自立。如果你决定依靠自己，独立自主，你就会变得日益坚强。因为一旦你不再需要别人的援助，自强自立起来，你就踏上了成功之路。一旦你抛弃所有外来的帮助，你就会发挥出过去从未意识到的力量。

第七章

人生就是一场修行

生命历程就是人间道场

一天，有一位女士来找秀峰禅师，埋怨工作很辛苦，上司给压力，下属又不合作。她想工作这样让人烦恼，不如出家好了，以后不用再面对这些工作上的烦恼了。

秀峰禅师对她说："生活不就是修行吗？生命历程不就是人间道场吗？可是现在你对工作生厌就想出家。如果对出家也生厌了，那又怎样？"

她的反应是"哦"，就无言以对了。

秀峰禅师开导她说："你要明白你在公司的职责，如果你连生活也应付不了。去寺院你又应付得了吗？寺院生活的清规很艰苦。

"你要明白为什么公司要雇用你，为什么你的上司要赏识你，你的职责就是为公司解决难题，所以你要做好你的工作。你可以尝试着去了解你上司的烦恼，如果你明白了，你就懂得如何处理他现在面对的难题。

"你觉得很难交给下属去处理工作的情况也一样，譬如你做衣服，你有什么要求，你要清晰地告诉对方。对方明白后，才可以按你的要求去做。"

“你要解释给你的下属知道，要怎么做和为什么要这样做，你给他们方向，他们才明白应如何做。”

“其实生命历程就是人间道场，做好工作，完成我们的职责也是一样的。如果我们马马虎虎，下次还可以接到新订单吗？不要一味抱怨上司和下属，只要做好我们的工作，就是最好的修行！”

那位女士听完这番话，脸上重现喜悦的神色，随即离去。

生命历程就是人间道场，修行是在平时生活中的时时刻刻。一切事，都是在生活中的点点滴滴学习着觉悟明白而已。

当年，从谂和尚（即赵州禅师）要去五台山求佛，有个高僧意味深长地对他说：“天底下哪一处青山不是修道的道场？你又何必一定要策杖去清凉山（即五台山）朝拜呢？纵使你在五台山的云端看到文殊菩萨骑着金狮子现形，可是若用正眼来看却并非就此获得吉祥啊。”说完，那高僧随口吟诗一首赠送从谂道：“何处青山不道场？何须策杖礼清凉？云中纵有金毛现，正眼观时非吉祥。”

天下之大，处处青山，哪一处青山不是修道悟道的场所？哪一刻生命历程不是人间道场？即使是一屋之中，一榻之上，只要心安心清，就是道场，何必咬住一处不放，非要认为只有到了五台山才能够找到文殊菩萨呢？太执着了就不是好事、吉祥了，因为这恰恰会窒碍你的眼界，局限你的意趣。

佛和禅不在外界，而在心里；若是把外界道场、菩萨看成第一位，那就离佛离禅，想来是近，却反而更远了。

一个人，只要心里安着空灵的禅趣，那么任你行云流水，走到什么地方逛到什么地方，青山处处，生命历程，无非道场；否则即使天天拜佛，心里执着，万般挂碍，又与佛与禅，有何关系？

一个人如果真心修道，那么出家还是在家其实都不要紧，要紧的是要有一颗普度众生的佛心，即对社会的爱心和责任心。尽自己所能，在日常生活中把每一件该做的事情用心做好，不违背自己的良心，承担起自己的责任，这就可以称之为修道。

很多人不明白这个道理，是因为还不明白自己对于整个世界的意义，以为自己的生活只和自己的生活圈有关，和之外的世界无关。其实你做的每一件事都与众生有关：你做好一件事情，对于你自己，对你的亲人、同事、单位甚至整个国家、社会都会有积极的意义，这就是你对众生的贡献；反过来，如果你搞砸一件事情，也会给很多人造成伤害，这是你对众生的罪孽。

对于整个宇宙来说，人不过是沧海一粟，但绝不是无关紧要的。如果每个人都用心去保护环境，关心野生动物，地球上就不会有那么多的物种灭绝；如果每个人都去帮助那些需要帮助的人，世界上就不会有那么多人生活在饥饿和贫困之中；如果每个人都一心向善，那么社会上就不会有那么多的犯罪行为；如果每个人都用热情和真诚去对待身边的人，生活中就不会有那么多的尔虞我诈、钩心斗角。

我们每天的忙忙碌碌，不管是生活琐事，还是工作业务，都不是自己一个人的事情，而与天地万物的繁衍生息、整个世界的生存及发展休戚相关。只要怀着这样一颗“天地之心”“民生之心”去生活、去做事，你就能感悟到生命历程就是人间道场，处处可以体悟人生的真谛，时时可以实现生命的价值。当你面对生活中的各种不如意的时候，就不会去较真，不会有不满，就如慧海禅师所说，吃饭时不百般索取，睡觉时也不千般计较，就能活得安心，活得快乐。

修行，修的是一颗心

世界是个五颜六色的大染缸。生活在这个世界上，无论是谁，要保持其原本的纯真，并不断地提升自己的境界，都需要时时注意修正自己。这正像一棵端庄的小树，不管其当初生长得如何笔直，要让其成材，就必须不断地为之修枝打杈。人身上需要修剪的枝枝杈杈太多了，剪掉一茬还会再长出一茬。所以，人需要修行，就如同树需要修剪一样。

而修行，并不是修外表，那就好像擦拭树叶表层的灰尘一样，并不能提升生命质量。真正的修行，修的是一颗心。

心，是关涉整个生命体系的主导。修心，就是通过自我反省体察，使身心达到完美的境界。境由心造，退后一步自然宽。大其心能容天下之物，虚其心能受天下之善，平其心能论天下之事，潜其心能观天下之理，定其心能应天下之变。

1. 修心，修一颗“淡泊心”

淡泊是指人的心态平和守静，不慕虚荣，不迷名利，超凡脱俗。淡泊，则心境具有平和之真。中国传统文化历来强调修身养性，内圣外王。庄子“举世誉之而不加劝，举世非之而不加沮。定乎内外之分，辩乎荣辱之境”，体现了人的豁达与智慧；范仲淹“不以物喜，不以己悲”，把荣辱得失看得很淡，是一种忘我的平和；诸葛亮“宁静以致远，淡泊以明志”，是一种超然的人生境界；陶渊明“不戚戚于贫贱，不汲汲于富贵”，一心为公，把自身的富贵与贫贱看得无所谓。淡泊是一种心态，是一种境界，是一种简单实用的生存方式，是一种人性的自然回归。要真正认识到：淡泊像清风明月，淡泊像玉壶冰心，淡泊像碧翠幽芳，淡泊像寒潭绿透，淡泊像一首诗，淡泊像一支歌。选择淡泊，就要经得起诱惑，耐得住寂寞，守得住清贫，始终保持一颗平淡之心，使之从容淡定，宠辱不惊，超然物外，悠然自得。

2. 修心，修一颗“透明心”

古人讲：“君子坦荡荡，小人常戚戚。”心底充满阳光，阴影自然远去。鲁迅说过：“捣鬼有术，也有效，然而有限，所以以此成大事者，古来未有。”当今，“透明度”已不再仅仅是物理光学领域的专用名词，它已成为人们熟知的生活中的用语。有了“透明心”，就有了“敞开心扉给人看”的坦然，“半夜不怕鬼敲门”的底气。

不仅做到在公众场合、有人监督的时候严格要求自己，而且在特殊场合、无人之时，也能做到“台上台下一个样，人前人后一个样”，不放纵不越轨，不做违纪违规之事。有了“透明心”，才能光明磊落，才能在面对是与非、真与假、美与丑、善与恶、荣与辱时有明确的立场、态度和原则。有了“透明心”，对生活、对生命才会有更深刻的理解，才能成大器、成大业、成大道，提升人生境界，才能把平凡的小事做大，缔造属于自己的阳光生活，走向阳光未来。

3. 修心，修一颗“情趣心”

情趣来自于人的心态，心态又决定情趣。人的生活情趣，简单地说就是志趣和爱好，它是一个人内在情感和心理需要的一种表现。生活情趣是一个人世界观、人生观、价值观的集中反映。高雅的情趣往往是“真”

“善”“美”的化身，体现一个人对美好生活的追求、乐观的生活态度和健康的心理状态。一个人的人生情趣并非小事，必须引起高度重视。

历代王朝的更迭，无不验证了“忧劳可以兴国，逸豫可以亡身”的名言，揭示了“滋生骄逸之端，必践危亡之地”的至理。我们只有修炼了“情趣心”，才能内心充满健康和希望，从平凡的生活中发现美、感受美、欣赏美、创造美，不会在金钱的诱惑面前难以自持；不会停止精神前行的脚步，而贪图眼前物质的享受；不会沉溺于灯红酒绿，而丧失心灵的安宁；更不会自怨自艾，消极堕落，即便是在最艰难的时刻，也能找到心灵的安慰，激情饱满、积极向上地生活。

4. 修心，修一颗“宽容心”

宽容是一种美丽的情感，是一种良好的心态，是一种崇高的境界。宽容别人的心像天空一样宽阔、透明，像大海一样广浩深沉。宽容之心，是一种至高无上的品德、美德。我们修炼了宽容之心，志向就会变得更高远，心胸就会变得更广阔，性情就会变得更豁达，情绪就会变得更愉悦。人无完人，金无足赤。一个人有时出现缺点、犯错误这是不可避免的。因此，做人、做事，就要讲究宽容、大度、礼让。对别人不妥之言不计较，容得下话；对别人的优点虚心学习，容人之长；对别人的缺点正确看待，容人之短；对别人的错误不记旧账，容人之过。敬人者人恒敬之，知人者人恒知之，信人者人恒信之。经常看到别人的长处，体谅别人的难处，这才是一种可载物之厚德。

5. 修心，修一颗“自律心”

俗话说：“难耐清贫莫为官。”我们应秉承“洁白朴素的生活理想”。

人非圣贤，孰能无欲。但我们必须要正视自己的欲望，切记不能沉湎于欲望之中。因为心灵的清明与欲望的沉迷是难以并存的，就好像拔河比赛的绳索两端，执于物质的一端，心的清明也就输掉了。

在物欲、人欲横流的环境里，要有“淡泊名利，克己制欲”的坚定信念，有“壁立千仞，无欲则刚”的平和心态，才能砥砺自己，杜绝私欲，保持品格的高洁峻清。要常思贪欲之害，常怀律己之心。“宁可清贫，不可浊富”，“富贵不能淫，贫贱不能移，威武不能屈”。不管在什么环境、何种条件下都要抗得住酒色利禄的诱惑，这才是高尚的品德。

如果我们每个人都能以淡泊、透明、情趣、宽容、自律的心怀去面对他人、面对生活，那么，我们便会拥有宽广的心理生活空间，收获真正圆满的人生。

修得慈悲果，常怀济世心

古语说：“善恶到头终有报，只争来早与来迟。”博爱者必得人爱，作恶者终害自己。常怀济世心，多行善事、广结善缘，我们的生命才能是善的循环，才能修得慈悲果。反之，则是恶的叠加。心生恶念，无法突破自我，获得恶果。

从本意上讲，济就是救济，给予人们以恩惠和接济。我国自古就有“为善最乐”“济困扶危”“济弱扶倾”“解囊相助”“救困扶危”等广为流传的格言。从广义上讲，济世心就是要有大爱之心，感恩之意，怀抱悲天悯人的情怀，扶贫济困，乐善好施，奉献社会，服务大众。

济世心蕴含着利他意识，这种利他意识不仅包括同情和宽待别人，而且要讲忠道即尽己利人、与人为善、助人为乐。不仅时时处处心系他人、理解他人、尊重他人，而且要为他人积极奉献，力以助人，智以勉人，德以正人。在现实生活中，济世心主要有三个层次。

1. 物质的层面

用自己的钱财，去帮助他人，主要援助社会弱势群体和那些因天灾人祸而迫切需要援助的群体。如，1989 年发起以救助贫困地区失学少年儿童为目的的希望工程，其宗旨是资助贫困地区失学儿童重返校园，建设希望小学，改善农村办学条件。目前希望工程已经累计募集捐款 53 亿多元人民币，资助农村家庭经济困难学生逾 338 万名，建设希望小学 15444 所。希望工程的实施，改善了贫困地区的办学条件，改变了一大批失学儿童的命运，唤起了全社会的重教意识，促进了基础教育的发展。

2. 精神的层面

博施济众既是对人的物质的、衣食住行的现实关怀，也是对人的精神的关怀。人的物质生活满足之后，需要精神生活。

精神生活决定着人们的生活质量，如果一个人有十分丰富的物质生活，但是精神空虚，价值观扭曲，失去理想信念，很可能颓废，甚至走上犯罪道路。这需要我们从精神方面进行帮助。把自己的知识和智慧，无私地奉献给他人，给他们以正面引导，帮助其更新观念，树立正确的人生观和价值观。

例如，在汶川强烈地震灾害中，数以万计的家庭惨遭重创，大量儿童失去亲人，成为孤儿。面对突如其来的灾难和这些因灾致孤的儿童，大量志愿者奔赴灾区开展心理关爱和情绪疏导工作，这种“情感关爱”，使孩子们重获家庭的温暖。

3. 物质和精神结合的层面

在经济上帮助经济困难的人或人群，在精神上、行为上帮助陷于危险境地的人或人群，保障其生命安全，特别是在发生重大自然灾害的时候。2008 年汶川大地震之后，人们有钱的捐钱，有物的捐物，有力的出力，有的志愿者进行心理疏导，有的志愿者进行支教，这些抗震救灾的行为，不仅体现了中华民族的团结、互助、友爱的传统美德，也秉承了中华民族与自然抗争的生生不息的民族精神。

上述三个层面，各有重点，同时，也不是绝对分开的。对于生活有困难的群体，我们以物质救济为主；对于生活上没有困难，而精神文化观念方面有缺失的群体，我们给予精神的帮助。而在一些特殊的情况下，比如，对老、少、边、穷地区，我们必须坚持物质和精神帮助同时运用，在物质上扶贫，解决生活困难，改善其居住条件，在精神、文化方面进行帮助和启迪，解决他们精神、文化、观念方面的问题，提高科学文化素质。

常怀济世心的人通常都有一颗细腻的关怀之心，他们会在日后的人生旅途中，不知不觉地获得方方面面的幸运。帮助患难的人解决困难、排解痛苦是一种缘分，这是很多行善人的想法，他们会认为这是一种快乐，是一种积德，更是一种人生价值的体现。因此，他们心态平衡，心里感到踏实，精神愉悦，感到满足。

与此相反，作恶者心态常处于不平衡状态，心有内疚，吃不香睡不着，终日提心吊胆，当然也不会有好下场。

正如一句名言所说：“一种纯粹的快乐，只有在行善时才能得到。”一个人能够常怀济世心，积极地为社会、为国家、为人民做些力所能及的善事，那行善的结果，必定是不仅个人受益，社会大众也会获得裨益，必能修得慈悲果。

人生没有苦难，只有经历

有句格言说：“在肥沃的土地上盛开着美丽的鲜花，而那些枝繁叶茂的参天大树，却生长在岩石缝中。”

苦难，应该是现代人生的一个必修课题。也许你一心为报国而伤身毁容，却遭女友的绝情遗弃；或者屡考大学不就，招来闲言碎语；也许你病魔缠身，陷在深深的孤独之中；或者思改前咎，奋力向前，不仅不为人所理解，反遭冷落挖苦。

没有人能给生活贴上永久顺利的标签，但面对苦难的选择却意志殊异。懦弱者尽尝烦恼，度日如年；畏难者磨去锐气，把苦难作为安逸的摇篮；有志者自强不息，面对似乎毫无希望的境遇，在苦难的荒野上开垦孕育成功的沃土。

一颗天然的钻石，经过切割打磨才能光华四射，璀璨耀眼；一粒细沙埋在蚌母之腹，忍受漫长的黑暗之后，才能养成明月般的珍珠，光洁圆润，灿烂夺目。钻石最美的光泽是从一个个伤口发出的，珍珠的晶莹剔透是在黑暗中磨砺而成的。

人生也是如此。苦难磨炼人，苦难是人生的财富。苦难之于人生，不是毁坏而是造就，不是惩罚而是拯救，特别的苦难其实就是特别的财富。

因此，人生没有苦难，只有经历。

汉朝时，少年匡衡非常勤奋好学。由于家里很穷，所以他白天必须干许多活，挣钱糊口。只有晚上，他才能坐下来安心读书。不过，他却买不起蜡烛，天一黑，就没法看书了。匡衡心痛这被浪费的时间，内心很痛苦。

他的邻居家里很富有，一到晚上好几间屋子都点起蜡烛，把屋子照得通亮。

匡衡有一天鼓起勇气，对邻居说："我晚上想读书，却买不起蜡烛，能否借用你们家的一寸之地呢？"邻居一向瞧不起比他们家穷的人，就恶毒地挖苦说："既然穷得买不起蜡烛，还读什么书呢！"匡衡听后非常羞怒，不过他更下定了决心，一定要把书读好。

匡衡回到家中，偷偷地在墙上凿了个小洞，邻居家的烛光就从这小洞中透过来。他借着这微弱的光线，如饥似渴地读起书来，逐渐地把家中的书全都读完了。

匡衡读完这些书，深感自己所学到的知识是远远不够的，他想继续多看一些书的愿望更加迫切了。附近有个大户人家，有很多藏书。一天，匡衡卷着铺盖出现在大户人家门前。他对主人说："请您收留我，我给您家里白干活不要报酬。只要让我阅读您家的全部书籍就可以了。"主人被他的精神所感动，答应了他借书的请求。

匡衡就是这样勤奋学习，后来他做了汉元帝的丞相，成为西汉时期著名的学者。

还有一个住在马厩里，在街头以卖报纸为生的人，他的命运坎坷，生活困顿，地位低下，可他凭着坚强的毅力和对科学的执着兴趣，坚持不懈，持之以恒，不停息地刻苦学习，不间断地做着各种实验，终于创造了科学界的奇迹，也创造了一个人间奇迹。这个创造了科学和人间奇迹的人，就叫法拉第。

凡是在历史上做出过贡献的杰出人物，他们都经历过许多的不幸和苦难。他们用辉煌的成就，证实了人生没有苦难，只有经历。

人生没有苦难，只有经历。这不仅仅是一条人生哲理，更是一种人生信念。有了这样的信念，无论受到多大的磨难，你都能坚强地走过去。像一首歌中唱的那样：阳光总在风雨后。走过迷雾，阳光就会普照大地。

人生没有苦难，只有经历。有了这样的信念，苦难就会成为人生经历中的好学校，不但能教导我们如何坚持不懈，如何乐观积极，如何顽强拼搏；还会磨砺我们的意志、品格和昂扬的斗志，发挥我们的潜能，增长我们的知识、智慧、才华、为人的准则和做事的本领。

凡成大事业者都是从这所学校合格毕业的学生，经历了苦难的磨炼，你才能够更加强壮。

人生没有苦难，只有经历。有了这样的信念，苦难就可以使你产生清醒的自我意识。一个人在苦难经历中，常常能“冷眼看世界”，相对比较冷静，会比较客观地分析自己的利弊长短、成败得失、优势和不足，并能够在较短的时间里选定聚焦突破的方向。苦难能培养人难能可贵的意志力量。长期的苦难经历可以锤炼人不舍之功的长期性，铸就毅力的持久性，培育出耐心、恒心、韧性和悟性。在人生的搏击中，毅力往往比智力更宝贵。“锲而不舍，金石可镂”“飞瀑之下，必有深潭”，时间的效率只有持之以恒、穷追不放才能获得。

人的一生就像一趟旅行，沿途中有数不尽的坎坷泥泞，但也有看不完的春花秋月。如果我们的一颗心总被灰暗的风尘所覆盖，干涸了心泉、黯淡了目光、失去了生机、丧失了斗志，我们的人生轨迹岂能美好？而如果我们能保持一种健康向上的心态，即使我们身处逆境、四面楚歌，也一定能东山再起，创造辉煌。

人生没有苦难，只有经历。也许，身处苦难经历时你会备感痛苦与无奈，但当你走过困苦之后，你会更深刻地明白：正是那份苦难经历给了你人格上的成熟和伟岸，给了你无所畏惧去面对一切的能力，以及与这种能力紧密相连的面对苦难的心态。

人们都羡慕那光彩夺目的珍珠的美丽和价值，却很少有人留意蚌母经历的那些漫长的痛苦经历。当你懂得人生没有苦难，只有经历，你才能忍受沙砾的磨砺，让这样的经历增长自己的才干与斗志，在人生道路上不懈奋斗，从而让点点晶莹的泪滴凝成人生的光彩夺目的珍珠。

人生无常，心安是归处

一个三伏天，寺院里的草地枯黄了一大片，很难看。

小和尚对师父说："师父，快撒点种子吧！"

师父说："不着急，随时。"

种子到手了，师父对小和尚说："去种吧。"不料，一阵风起，撒下去不少，也吹走不少。

小和尚着急地对师父说："师父，好多种子都被吹飞了。"

师父说："没关系，吹走的都是空的，撒下去也发不了芽，随性。"

刚撒完种子，就飞来几只小鸟，在土里一阵刨食。小和尚赶紧对小鸟连轰带赶，然后向师父报告说："糟了，种子都被鸟吃了。"

师父却说："急什么，种子多着呢，吃不完，随遇。"

半夜，一阵狂风暴雨。小和尚来到师父房间带着哭腔对师父说："这下全完了，种子都被雨水冲走了。"

师父答："冲就冲吧，冲到哪儿都是发芽，随缘。"

几天过去了，昔日光秃秃的地上长出了许多新绿，连没有播种到的地方也有小苗探出了头。小和尚高兴地说：“师父，快来看呢，都长出来了。”

师父依然平静如昔地说：“应该是这样吧，随喜。”

随性、随遇、随缘、随喜，是我们人生缩影的四种状态。但又有多少人真正懂得其中的内涵呢？当你与机遇失之交臂时，你能否心安地、不焦不躁地说上一句“随缘吧”？当你默默努力却被他人谋取了胜利果实时，你能否心安地、悠然自得地说一声“随缘吧”？当你只差一步就可以实现理想时，你能否心安地、淡然自若地说一声“随缘吧”？人生无常，心安才是归处。

人生活在瞬息万变的物质世界之中，要准确把握周遭事物及其变化的基本特点，并根据事物变化的特点，自主积极地应对。就不可像上边故事里的小和尚一样，为种子被风吹走而心慌意乱、茫然无措。要像师父那般深谙种子虚实之性、成败之道、临危不乱、处变不惊。否则，就很容易成为身外之物的奴隶，为物所驱使，最终没了本性、去了自由。

《大学》言：“知止而后有定，定而后能静，静而后能安，安而后能虑，虑而后能得。”修身养性为第一要务，“心静胜神医”。做人常怀律己之心，常思贪欲之害，常弃非分之想，多一点自省意识，少一点名利追逐，归于安心之处，才能过平安长久处处福的生活。

只可惜，世人乐于让自己的心放在功名、权力里，功名、权力时刻都在变，难道能够安住？人若能有大胸怀，安住自己的心，天崩地裂又奈我何？那么，如何才能做到心安归处呢？

第一，欣然接受自己所处的环境、所面对的人，不怒不悲，乐观向上。“境随心转”，用不一样的心态去面对环境，就会处在与你眼睛看到的不一样的环境之中。

第二，灵泉宗一禅师有诗云：“美玉藏顽石，莲花出淤泥。须生烦恼处，悟得即菩提。”凡有奢求必得烦恼，所以不要去追求什么，只问自己该做什么，这就是安分。求心安，求解脱，首先应该做明白人。知道自己真正需要的是什么、怎样获得。明白人既能努力改变环境，更能努力改变心境。

第三，生活中总有好坏、善恶，总会有占便宜的时候，也会有吃闷亏的遭遇，这时就需要具备良好的心理调节能力，甚至需要一种超脱、豁达的胸襟，让一切随缘。

第四，无论在何种处境中，均能保持平和安然的心态，并继续坚持自己的追求。

第五，心要随时感到真实自在，看一切人事都感觉自在，如此才能在生活的细处感受到充盈的小幸福。

第六，心安而不懈怠。要发挥人的能动性，积极去改变环境，下决心让自己和别人都脱离逆境。让更多的人，享受更舒适的环境，这才是一种积极的态度。

第七，做什么事，除非不做，要做就要做好。

人生无常，常有不尽如人意的时候，改变环境靠聪明，改变心境靠智慧。智慧的人能悟出人生真谛，知道自己的根本追求，让自己的心灵安于归处。这样，行也安然，坐也安然，穷也安然，富也安然，从而宠辱不惊，看庭前花开花落；去留无意，望天际云卷云舒。身心无牵无绊，在任何境遇下都能领悟幸福，在无常中绽放出独特的常道之美好。

把握生命，做生命的主人

生命旅程中至关重要的事，就是把握生命，做生命的主人，千万别活在别人的眼光里。

在现实生活中，想要不被别人评价是不可能的，想要总获得别人的好评更是难上加难。一个人不管做什么事，总会有人站出来指指点点、议论纷纷，这些议论往往是有很大差别的，甚至是截然相反的。不管别人的议论和评价如何，作为当事人，千万别被其所左右，永远要记住：决定权在生命手里，别人的意见只能当作参考。

现实生活中，由于每个人所站的角度不同，出发点不同，所得出的结论自然也就不尽相同。但不管怎样，人都要有生命的主见，只有坚持生命的主见，才能凸显生命的个性、活出自我的精彩。要知道，就像艺术需要个性一样，生活也需要个性。人一旦失去个性，就会像墙头草一样随风而倒。

有个小和尚十分苦恼，师父问他苦恼的原因，他回答说："东街的大叔称我为大师；西街的大婶骂我是秃驴；张家的大哥夸赞我清心寡欲、四大皆空；王家的小姐却指责我色胆包天、凡心不死。我到底算什么呢?"师父笑而不语，指指身边的一张凳子，又拿起面前的一盆花。

小和尚看罢，恍然大悟。

凳子就是凳子，花就是花，生命就是生命，根本无须因为别人说三道四而自寻烦恼。然而，在现实生活中，很多人却常常被他人的评价所左右，因为别人的言论而苦恼不已。其实，这是完全没有必要的，人生在世，每个人都有自己的生活方式，我们无须为得不到别人的理解而慨叹，也不必为了迎合他人而改变生命。要知道，嘴长在别人身上，别人怎么说你、怎么评价你，你根本没办法控制。除非你是隐形人，或者把生命完全封闭起来，与世隔绝，不和任何人交往，而事实上，这些都是不可能实现的。所以，你唯一能做的，就是不去理会那些“醋雨酸风”。

一天，佛陀行经一个村庄，有几个人前去找他，对他说了一些很不客气的话，甚至口出秽言。

佛陀站在那里静静地听着，等他们说完了，才开口道：“谢谢你们来找我，不过我正在赶路，下一个村子的人还在等我，我必须赶过去。不过等我明天回来时，会有比较充裕的时间，到时候如果你们还有什么话想对我说，再一起过来好吗？”

那几个人简直不敢相信自己的耳朵和眼前所看到的情景：“这个人是怎么回事？”

其中一个人不解地问佛陀：“难道你没听见我们所说的话吗？我们把你骂得一无是处，你却一点反应也没有！”

佛陀笑着说：“如果你们说这些话，是为了让我有所反应的话，那么你们来得太晚了，你们应该在十年前来，那时的我肯定会有所反应。但是，这十年来我已经不再被别人影响和控制，我已经不再是个奴隶，我是生命的主人。我是根据自己在做事，而不是跟随别人在反应。”

佛陀的故事告诉我们，无论何时何地，遇到什么事情，我们都要牢记：在这个世界上，只有自己才是自己生命的主人。因此，我们完全没有必要在意别人怎么看怎么说，只要守住生命本色，守住生命本真，我们就可以问心无愧，活得自在、活得快乐。

欧阳修在《归田录》里有云："和傅说之羹，实难调于众口。"意思是说，每个人的口味不同，再好的美食也不可能使所有人都满意。作为一个普通人，我们不可能十全十美，我们的言行举止不可能让所有人都满意，所以我们应该为生命而活，而不是活在别人的眼光里。

做生命的主人首先要正确地认识生命，客观地评价生命。所谓人无完人，意思就是说每个人都有优点和缺点，都有长处和不足。在生活和工作中，要想取得长足的发展，我们首先应该正确地认识生命，这样才能取长补短，得到更好的发展。

其次，除了正确认识生命、客观评价生命之外，我们还应该树立正确的人生观、价值观、世界观。这是做人之根本，只有确立了这三个观念，才能够树立生命的人生原则。如此一来，不管在生活中遇到什么事情，都知道生命应该如何去处理。

最后，还要有坚定不移的信心和勇气，知道生命想要什么。对于人生而言，最重要的是要确立目标。大家都见过没头苍蝇，假如人也像没头苍蝇一样，是根本不可能有所发展的。因此，我们一定要树立人生的方向，这样才知道生命满腔的热血和努力应该在何处发挥。

命运掌握在自己的手中，每个人都应该做自己生命的主人，能够坚定不移地向着自己既定的方向和人生目标努力。在此过程中，必然会遇到很多困难和挫折，但是只要认准了，就应该坚持努力，不要轻易放弃。当别人对你的事情指手画脚的时候，也能够坚定地相信自己是正确的，从而为了实现自己的梦想而不懈奋斗。只有这样，才能够实现自己的人生理想。

本章结语

我们活着无论是多久光阴，如果对自己的德行没有改善，对自己来说不但没有任何意义，而且浪费了生命历程中的所有资源。我们来到这个世界，如果对亲友、祖国、人民、世界不能给予正能量支持，对他们来说不但没有任何意义，而且也是浪费了此生的缘分。因此，人生就是一场修行，解脱自己的烦恼痛苦，支持他人以正能量，这是我们生而为人的意义。

第八章

给出去的越多，得到的越多

人生光身而来，空空而走

很久以前，有一个穷人梦寐以求想要得到一块土地，为此他求助于当地最慷慨善良的地主。地主在得知他的请求之后动了恻隐之心，于是便对他说：“明天一大早，你从这里往外跑，跑一段就插个旗杆，只要你在太阳落山前赶回来，插上旗杆的地都归你。”那人听后非常高兴，于是便回家养精蓄锐去了。

第二天一大早，他再次来到地主家中。在地主的注视下，他开始了不要命地奔跑。这个穷人跑啊跑啊，一直到太阳偏西了还不知足。终于，在太阳落山前，穷人赶了回来，但是此时的他却已精疲力竭，摔个跟头后就再没起来。

就这样，穷人累死了，他不仅没有得到土地，还因为过度劳累而丢了性命。

在他的葬礼上，牧师在给他做追魂弥撒时不无感慨地说道：“一个人要多少土地呢？就一个坑这么大。”

有句老话说得好：“你有房屋千百万，睡觉也就睡三尺宽；你有绫罗千百万，你不能每日一起穿；你有金银千百万，临死两手攥空拳。”人生就是如此，光身而来，空空而走。

既然人生是如此，那么对于名利我们就应该将其看作过眼云烟，让它如浮云一样不给我们任何的羁绊。然而现实的情况却并非如此，我们看到，很多人被身外之物的浮云遮住了眼睛，全然忘了人生的真谛并非如此。

还记得太史公司马迁在《史记》上所写的吗？“天下熙熙皆为利来，天下攘攘皆为利往。”这句话形象地描绘了人世间的生活状态，忙忙碌碌、纷纷扰扰为的总是名利二字。

名利之所以能够对人有那么大的吸引力，根源还在于人的欲望太过强烈，欲望促使我们采取行动去占有名利。

名利与欲望总是遥相呼应的，名利所能给人们带来的种种快感，正是欲望所需求的。当人对财富有极强的欲望的时候，就会想尽一切办法去求利；当人向往雷鸣般的掌声和鲜花的簇拥时，就会动用一切力量去为自己争取名誉；当人贪图享乐的时候，就会不断地累积财富。总而言之，只要欲望不息，对于名利的渴望就不会灭。

《老子》曰：“知足之足，常足矣。”我们所生活的社会中，存在太多能够诱惑我们的东西，这些东西都会激发我们的欲望。所以，我们必须能够克制自己的欲望。当发觉欲望在不断膨胀的时候，应该及时收敛，将欲望限制在一定的范围之内。

“不畏浮云遮望眼，只因身在最高层”，名利和它背后的欲望就是遮挡在我们成功路上的浮云，如果想要战胜它们，直抵成功的彼岸，我们就要提高自己的境界，看淡名利，始终保持一颗超然、淡定的心。

看淡名利，方能明志，才能懂得在求知与探索中求得人生的真谛，从而更加专注于自己喜爱的事业。看淡名利，在名利面前保持心境平和，用心走好每一步，方能在自己喜爱的事业中倾情挥洒自己的聪明才智，并在倾情挥洒中享受美好的人生，实现人生的真正意义。

看淡名利，可以放飞心灵，可以还原人的本性。人能经受热闹，也能忍耐寂寞。在顺境中，不怡然自得；身处逆境时，不妄自菲薄。宠辱不惊，悉由自然。这样就会使你真正地享受人生，在淡泊中充实自己。在纷纷扰扰的世界上，心灵当似高山不动，不能如流水不安。居住在闹市，不必关闭门窗，任它潮起潮落、风来浪涌，自身悠然如局外之人，没有什么能破坏心中的宁静。身在红尘之中而心早已出世。在白云之上又何必“入山唯恐不深”呢？

当然，你应当明白：一个人要摆脱功名利禄的束缚，对红尘要看得透彻，看得真切。只是，看淡名利，不等于不建功立业；看破红尘，是为了再入红尘；摆脱功名利禄的束缚，是为了消除杂念，纯洁内心以成就更大的事业。只有超然物外的人，才可能对自己的事业以及社会奉献出自己的真才实学，才可能对他人奉献出自己真诚的爱心。

智勇成败昨日梦，名利是非过眼云。储水万担，用水一瓢；大厦千间，夜眠八尺。这个世界有太多的诱惑，因此有太多的欲望，更有因欲望满足不了而产生的痛苦。当我们明白人生光身而来，空空而走，应该摆脱功名利禄束缚，摆脱名利带来的痛苦与烦恼，来获得毫无私心杂念的宁静，获得生活中最朴实的快乐，那么，我们在人生的旅途中没有什么不可解除的烦恼。

那些带走的与带不走的

一个财主到了人生的尽头后悔不迭。他对这一生真是无尽的悔憾！他年轻的时候喜欢敛财，以为只要有财他就可以快乐。为此他拼命地赚钱，通过各种手段为自己谋取财富。

财主有两个女儿，在女儿不到十岁的时候，母亲就离开了人世。为此抚养两个女儿的重担落在了财主的身上，但财主无心去照顾自己的女儿，就把自己的两个女儿送到了一个鞋匠家庭，然后定期给那个鞋匠家送钱。

财主从来没有去看望他的女儿，不是因为他没有时间，而是他把毕生的目标都放在了金钱上，只要有钱财主什么都愿意舍弃。

转眼，财主到了暮年，他已经没有了当初的年轻气盛，他现在回想起来才觉得有一个舒适的家庭比什么都重要。于是财主找到了他的两个女儿。他的两个女儿好像并不认识财主，但财主有大量的财富，两个女儿也是被虚荣心迷惑了，答应和财主生活在一起。

财主以为有女儿在身边，自己会幸福。但是，两个女儿根本无暇顾及财主，她们更看重的是财主的财富。财主伤心极了，难道金钱比亲情还重要吗?

无奈，两个女儿“死心不改”，财主只好和女儿就这样将就地过着。

日子一天天地过去了，财主因为年迈得了病，在感觉到自己不久就要离开人世时，把两个女儿叫到了身边，希望女儿们能陪他度过接下来的日子。

两个女儿虽然口头上答应，但心里看中的并不是这份亲情。

很快，财主气息奄奄，他最希望的是此时两个女儿就在他的身边，可是他的两个女儿呢？她们早就跑出去做自己的事情了。财主就这样一个人躺在床上，人生就像过电影一样，才明白辛苦了一辈子，却到头来连亲情也失去了。

怀着无尽的恨，财主怅然地离开了人世。

财主的一生是辛辛苦苦地度过的，可是到头来换来了什么呢？财主在人生的最后一刻，一定对自己的人生充满了悔恨。

我们应该明白，有些东西是带不走的，例如物质上的财富，有些东西却可以永远陪伴我们，比如真爱。我们不必为了那些带不走的东西苦苦纠缠，那样人会活得很累。

有句格言说：“有的人不善于取舍，其命运如水上浮萍；有的人善于取舍，其人生路途通达、事业顺遂。”一项明智的取舍，便能成就一件伟大的事。

从事业上来说，不仅仅只有帕瓦罗蒂的命运因为明智的选择而改变，还有世界首富比尔·盖茨，他不也是因为当初放弃了律师的职业从而成就了今天的微软帝国吗？

从生活上来说，当外在的环境纷繁复杂，应该全力进取时，我们需要当仁不让；应该有所放弃时，我们也不必过于执拗。只有合理适当地进行取舍，我们才能走上正确的人生道路，尽享人生道路上的种种乐趣。

无论事业还是生活的选择，我们都要遵循自己的原则。清楚明白地知道什么是自己带不走的，什么是自己带得走的，带得走的是自己应该要坚持的，而带不走的则是自己为达目的而运用的工具。

因此，学会放开，把目光集中在一些值得我们关注的事情上。有的事有的人我们必须要错过，有的东西我们也不必去苛求。做好自己，去发现身边有价值、有意义的东西。你的亲情、你的健康、你的事业、你的智慧远比那些浮名虚利重要。就算你一时不可能过得很好，但不把时间和精力浪费在那些没有意义的事情或东西上，也可以生活得很有意义和价值。

并不是拥有金钱、财富我们才会人生无悔，它们只是满足了我们一时的需求，并不会让我们幸福长久。我们必须要认清外物只是手段，而真情才是目的，否则，等到伤痕累累之后才后悔，却是白白活了一辈子，到头来连最珍贵的亲情、友情、爱情也丢掉了。

让我们擦亮双眼，仔细地看一看，什么东西才是带得走的，是值得我们拥有的，什么东西是带不走的，是不值得我们过多地去计较，更不值得我们牺牲真情去追逐的。不要等到后来再后悔不迭，给人生留下无尽的遗憾。

爱别人就是爱自己

有一首歌中这样唱：“爱你就等于爱自己”，这就是说爱别人就是爱自己。被人来爱是享受的，爱别人也同样是幸福的。只要心中有爱，把爱分给值得爱的人，比什么都真实，都幸福。

生活中，我们经常会看到很多人抱怨和责备别人对自己不好，不关心自己，对自己发脾气，却从来不会想问题是不是出在自己身上？别人对待我们的态度正是一面镜子，可以照出我们对待别人的态度。我们没有首先对别人好、没有关心别人、爱别人，才同样没有人来对我们好、关心我们、爱我们。我们首先要懂得付出，才能得到同样的回报。

现代医学已证明，当人嫉妒、愤怒、不满、诅咒、怨恨、忧郁时，体内会分泌一些对身体有害的物质。

比如，当你还未准备好，就被迫在大庭广众面前表演时，你会因此感到害羞。害羞其实是一种心里的想法，但它却会产生一种身体的反应——脸马上红起来。有时一发怒或悲伤，就吃不下饭，一高兴或心情愉快，反而胃口大开。一些精神病患者，常会被要求吃一些药物，以稳定病情。他们就是因为长期处于愤恨、抱怨、恐惧之中，所以体内分泌不出那些对身体有稳定性作用的物质。久而久之，就会造成病态。

相同地，当你在宽恕、赞美、感谢或对别人做任何好事时，你的体内自然就会分泌出对自己身体有益的物质来。因为在你想着别人时，那个“善念”会使你体内产生出有益的物质来。所以宽恕、赞美、感恩虽然全都是给予别人，但首先受益的却是自己。

如此看来，想爱自己的人，最好的方法就是先去爱别人。其实爱别人也就是爱自己。

有一个小孩子跑到山上玩，他高兴地对着对面的山谷喊了一声：“喂……”结果他刚喊完，对面的山谷也回过来一声“喂……”

孩子很惊讶地想，大山怎么说话了？于是，孩子又喊了一声：“你是谁呀?”紧接着，大山又回过来：“你是谁呀……”孩子又喊：“小气，你怎么不告诉我呀?”大山也说：“小气，你怎么不告诉我呀?”

孩子终于忍不住生气了，他用尽全身力气喊道：“我恨你!”然后，大山也毫不留情地回过来：“我恨你……”

孩子哇哇大哭起来。他一边哭，一边跑回家，告诉了他的妈妈，大山不喜欢他，说恨他。妈妈听了笑着说：“孩子，那你试着对大山喊我爱你，大山就会喜欢你的。”

孩子听了妈妈的话，又跑到大山上。大声喊道：“我爱你!”果真大山也说："我爱你……"

孩子终于破涕为笑，飞快地跑回家告诉了妈妈。

这个故事给我们的启示就是，假如你不爱别人，别人也不会爱你；假如你想得到别人的爱，自己就要学会先去爱别人。

人之所以痛苦，就在于其私心太重，总是得到，不想付出。当我们放下自私，学会付出，学着去爱别人，就能让内心时刻充满爱，时刻体会到幸福和快乐。

著名的文学家爱默生说："人生最美丽的补偿之一，就是人们真诚地帮助他人之后，同时也帮助了自己。"就是说，我们在为他人提供帮助的时候，其实也是在帮助我们自己。

俗话说："赠人玫瑰，手留余香。"就是说，我们给予别人的时候，自己也会有所收获。其实，我们在帮助别人的时候，就是在舍弃自己的东西，那么，既然有所舍弃，就一定会有收获。我们每个人都是独立存在于这个世界上的，每个人都会遇到这样或者那样的困难，遇到自己解决不了的问题，一定会向他人寻求帮助。如果我们能够以一颗无私之心主动去帮助别人，那么，对方也一定会心存感激，他日也一定会主动帮助你。

在这个世界上，爱人就会被爱，恨人就会被恨；给予就会被给予，剥夺就会被剥夺。你如果对自己、对他人、对一切美好的事物都充满爱心，你就会收获快乐、幸福、机会、成功。世界上最可爱、最宝贵的东西就是爱心，它是一切美好事物的源头。如果把爱拿走，地球就会变成一座坟墓。当你献出心中的爱时，你的心灵就会得到满足，同时还会收获别人的爱与尊敬。爱心是互补的，只要你充满了爱心，你就会被别人的爱心所包围，这样你离理想人生还会远吗？

人生的意义是一种奉献，只要你愿意，每个人都能做到这一点。

有智慧的人奉献智慧，没有智慧的人奉献体力，没有体力的人奉献财物，没有财物的人奉献技术，没有技术的人奉献言语，没有言语的人奉献微笑，没有微笑的人奉献祈祷。每个人都能尽一己之力以服务大众，不仅利己，而且造福社会。如果一个人能够无偿地给予别人以服务和帮助，他的生命一定闪烁着光彩，充满着喜悦和快乐。

一个人只要肯为别人奉献，他就会生活在快乐之中。美国聋盲女作家海伦·凯勒说得好："我发现生活很令人兴奋，特别当你是为他人而生活。"在漫漫的人生路上，你如果觉得自己孤寂，或者觉得道路艰险，那么你就该每天都想一想，怎样才能对别人未来更有益？这样你定会逢凶化吉、因祸得福，快乐就会飞到你的身边，使你远离痛苦与烦恼。

请记住，爱别人就是爱自己。你在送别人一束玫瑰的时候，自己手中也留下了持久的芳香。

从今天起，更真诚地去爱一切美好可爱的人吧，你将从中感受到莫大的爱的幸福，拥有莫大的益处，尽管你未必是因此而去爱。

生命因分享而华美

分享是什么？如果你让一千个人来回答这个问题，也许就会得到一千个不同的答案。

在生活中，很多人会这样抱怨："为什么我的世界如此无趣？为什么我只能待在一个角落孤芳自赏？"这是因为你不会分享。你若不会忧他人之忧，乐他人之乐，将自己孤悬于世外，你就永远也尝不到生活的酸甜苦辣。

其实，帮助别人也是帮助自己。要想得到快乐、幸福和帮助，就得先学会与别人分享，学会帮助别人。希望自己生活得好的人，也应该帮助其他人生活得更好；渴望快乐与幸福的人，应该先把自己的快乐和幸福与别人分享。

没有分享的人生，无论面对的是快乐还是痛苦，都将会是一种惩罚。这个世界就是有了分享才变得如此的美丽。

分享是一种经历，有所收获的时候，和朋友分享知识和经验，我们会共同成长：分享是一种力量，痛苦的时候，和朋友分享，痛苦会减轻很多；分享是一种快乐，快乐的时候，和身边的人分享，大家都会很快乐。

生命因分享而充实，因分享而充满激情，因分享而多姿多彩。懂得分享，快乐加倍，能量加倍。

贝尔太太是一位有钱的妇人，她的花园又大又美，吸引了许多游客。

许多游客总是毫无顾忌地跑到贝尔太太的花园里游玩。

年轻人在绿草如茵的草坪上跳起了欢快的舞蹈，小孩子钻进花丛中捕捉蝴蝶，老人蹲在池塘边垂钓，有人甚至在花园当中支起了帐篷，打算在此度过他们浪漫的盛夏之夜。贝尔太太站在窗前，看着这群快乐得忘乎所以的人们，看着他们在她的园子里尽情地唱歌、跳舞、欢笑。她越看越生气，就让人在园门外挂了一块牌子，上面写着：私人花园，未经允许，请勿入内。可是这一点也不管用，那些人还是成群结队地走进花园游玩。

贝尔太太只好让仆人前去阻拦，结果发生了争执，有人竟拆走了花园的篱笆墙。

后来贝尔太太想出了一个绝妙的主意，她让仆人把园外的那块牌子取下来，换上了一块新牌子，上面写着：欢迎你们来此游玩，为了安全起见，本园的主人特别提醒大家，花园的草丛中有一种毒蛇，如果哪位不慎被蛇咬伤，请在半小时内采取紧急救治措施，否则性命难保。最后告诉大家，离此地最近的一家医院在威尔镇，驱车大约50分钟即到。

这真是一个绝妙的主意，那些贪玩的游客看了这块牌子后，对这座美丽的花园望而却步。可是几年后，游人再往贝尔太太的花园去时，却发现那里因为园子太大，走动的人太少而真的变成杂草丛生、毒蛇横行，几乎荒芜了。孤独、寂寞的贝尔太太守着她的大花园，怀念着那些曾经来她的园子里玩的快乐的游客。可是，那样快乐的时光一去不复返了，贝尔太太整天郁郁寡欢，情绪低落。

故事中的贝尔太太，把自我局限在一个狭小的圈子里，拒绝与外界的交流与接触，封闭了自己拥有的美好，就像契诃夫笔下的装在套子中的人一样，把自己严严实实地包裹起来，所以她才会很容易陷入孤独与寂寞之中，“非常怀念那些曾经来她的园子里玩的快乐的游客”。

我们每个人心中都有一座美丽的大花园。如果我们愿意让别人在此种植快乐，同时也让这份快乐滋润自己，那么我们心灵的花园就永远不会荒芜。

托尔斯泰说过：神奇的爱，会使数学法则失去平衡。两个人分担一个痛苦，只有一个痛苦；两个人分享一个幸福，却可以拥有两个幸福。

在生活中，我们离不开分享的快乐。我们去参加朋友的婚礼，去与他们一起分享喜悦之情，带给他们真诚的祝福；我们去一个好的地方旅行，照了属于自己的照片，与大家一起欣赏美景，也是一种享受；我们得知一件商品，非常便宜又实用，介绍给身边的朋友，大家也会其乐融融。这样的事情有许多许多，都是值得我们去回味、去享受的。

当你痛苦的时候，你和朋友一起回忆过去的快乐，你就会仿佛再一次回到了事情发生的那一刻，再次体会到醇美而动听的爱的故事。这时你就会发现，生活中有那么多的快乐和幸福的事情，而你从来不懂得去体会这样或那样的幸福，原本被你认为痛苦的事情竟然在你的心中油然生出一种快乐的力量。一个人的快乐可能只是一点点的，但是许多人的快乐是巨大的，这将汇集成社会的友爱、善良和协作。

快乐，应懂得分享。这包含着人生的两个境界，是逻辑递进的过程。首先要有快乐可以分享，其次是应该分享快乐。朋友之间相互去寻找快乐的方法不失为培养人生积极心态的一种良策，而人与人之间彼此交流的过程就是一种分享快乐的途径，这是人生的另一种境界。

回头去看看你的人生，你一定会发现许许多多精彩的片段，试着将这些记忆的片段串联起来，那将是人生快乐而富足的回忆。你快乐的心情将会间接地影响你周围的朋友。懂得分享，那样的快乐才会是双倍的甚至是多倍的快乐。

生活需要伴侣，快乐和痛苦都要有人分享、分担。没有分享的人生，无论面对的是快乐还是痛苦，都是一种惩罚。不懂得分享的人，始终把自己的心门紧锁，让自己身体内的正能量成为无源之水、无本之木、无薪之火。这样，当身体内正能量的火焰熄灭，留给你自己的只能是一片冰冷的世界。

孟子说："独乐乐，不如众乐乐。"懂得分享的人必有豁达的心胸、坦诚的态度和高深的智慧与策略。当我们乐意与他人分享我们拥有的知识和快乐时，不仅不会有损失，反而会收获更大的喜悦和满足。

分享是连接我们与他人的一座桥，是去快乐王国的一艘船。它使我们彼此真诚，感受到生活的美好。所以，让我们彼此真诚，感受到生活的美好。所以，让我们与身边的人携起手来，学会分享，互相帮助，创造一个友爱而和谐的环境吧！

给予的越多，得到的越多

甲乙两人死后来到阴曹地府，阎王查看功过簿后说："你二人前世未做大恶，准许投胎为人。但是现在只有两种人可供选择：给予的人与索取的人。也就是说，一个必须过给予、付出的生活；另一个则必须过索取、接受的生活。你们可要慎重选择。"

甲暗忖，索取、接受，就是坐享其成，太舒服了。于是他抢先道：

"我要过索取、接受的生活！"

乙见此情景，也没有别的选择，就表示甘愿过给予、给予的生活。

阎王按其所愿，当下判定二人来世前途："甲过索取、接受的人生，下辈子当乞丐，整天向别人索取，接受别人的施舍。乙过给予、给予的人生，来世做精神财富大富翁，不断创造和拥有巨大财富，布施行善，帮助大家。"

只有乞丐才会整天向人索取，接受别人的施舍。要想拥有成功、财富、机遇和名誉，要想使自己的一生有意义，就必须不断地给予和付出。

可是在现实生活当中，人们更喜欢索取而不是给予。有些人总希望能找到一份不用出力、没有任何风险，却能得到高薪酬的工作；有些人总希望顾客能够对自己企业生产的质次价高的产品毫不犹豫地掏出钱包……一旦其愿望无法达成，他们就抱怨老总太苛刻，抱怨客户太难缠。殊不知，只有懂得给予自己的时间、精力、知识、汗水甚至鲜血，才能够实现目标、得到成就。

给予、付出，这是我们做人之本。我们懂得给予，就永远有可以给予的资本；我们贪图索取，就永远有必须索取的企求。给予越多，得到越大；索取越多，得到越小。人生就是由这样一种惯性操纵着，我们生存在什么样的状态下，这种状态就会像滚雪球似的，越滚越大。只要我们养成给予、付出的习惯，我们就会拥有越来越多的可供给予、付出的资本。

给予的核心，也就是爱。李嘉诚这位“千亿富豪”就有着拳拳爱国家、爱人民之心。

李嘉诚说得最多的一句话就是：“钱来自社会，应该用于社会。”他在取得巨大的物质财富之后，便积极推行有利于国家和人民的慈善事业。为了替家乡人民办一点实事，李嘉诚在百忙之中，还亲自在汕头选择校址购地900亩建立汕头大学，他出资数亿港元为学校购置最现代化的设备，还物色教授，捐赠大量电子教学仪器。在北京举办的1990年亚运会筹资阶段，李嘉诚一次捐献30万元，是捐献资财的最大户头。1991年，我国华东地区遭受特大洪涝灾害，李嘉诚个人捐款5000万港币，成为当时个人捐款最多的企业家。1992年，李嘉诚与中国残联主席邓朴方会晤，他对邓朴方说，他和两个孩子（李泽钜、李泽楷）经过考虑，再捐一亿港元，也作为一个种子，通过各方面的共同努力，为全国的残疾患者办点实事。李嘉诚先生对祖国的捐资援助从不吝于投入，到目前为止，捐款数额已超过22亿港元。

人格上的高贵同时造就了事业上的高贵。富有伟大爱心的李嘉诚在生意圈中树立了良好的公信力。

孟子曰：“穷则独善其身，达则兼济天下。”因为我们的给予和付出，为他人造就了幸福和快乐，而这种幸福和快乐，最终也会降临到我们自己的身上。

给予并不是专属于富有者，我们即使没有金钱，但是有时间，有爱心，只要是他人没有的，我们具有，都可以给予他人。古今中外，大凡有建树的名人志士，他们之所以被人们所怀念，就是因为他们给予社会和他人的很多，同样他们也得到了很多。

鲁迅将自己化为了“孺子牛”，一生忧国忧民，为国家、为人民献出了自己毕生的力量，因此他得到了人们的高度赞誉；雷锋将自己比喻为“螺丝钉”，哪里需要就出现在哪里，他给了战友温暖，给了需要帮助的陌生人关怀，于是他成了我们学习的榜样；朱伯儒将自己形容为“小草”，一位将军以自己最平凡的一面示人，给予了人们无尽的关怀与方便，得到了人们的赞美。

给予与得到就是一对孪生兄弟，世间万物有给予就有得到。阳光给予大地能量，得到了万紫千红；秋风给予人们清爽，得到了遍地的金黄；当你坚持给玫瑰浇水，你享受它花开时的美丽与娇艳；当你盛情款待朋友，你会得到朋友送上的一份惊喜与快乐。正是这无数的给予与得到，成就了我们美丽的生活。

生命就像是一种回声，你送出什么它就送回什么，你播种什么就收获什么，你给予什么就得到什么。你把最好的给予别人，就会从别人那里得到最好的；你帮助的人越多，你得到的帮助也越多；你越吝啬自己的帮助，愿意帮助你的人就越少。

成功不是祈祷得来的，给予才有机会得到。给予的越多，得到的越多。当我们给予汗水，给予勤奋，给予坚持，给予关爱，坚持下去，我们得到的就是美好人生的圆满。

能量守恒定律：付出等于回报

能量守恒定律，原本是物理学的概念，是自然界普遍的基本定律之一。指的是能量不会消灭，也不会创生，它只能从一种形式转化成另一种形式，或者从一个物体转移到另一个物体，而能量的总和保持不变。它揭示出付出和回报的相等原理。

付出与收获是一对因果关系，有付出就会有收获，有收获就一定要有所付出，有多大的付出就会有多大的收获，有多大的收获就必然有多大的付出，这是一个颠扑不破的真理。

巨大的建筑，总是由一木一石支起来的，有了这一木一石才能盖起高楼大厦；有了那涓涓溪流才能汇成浩瀚的海洋；有了许多的付出，才能得到回报。付出与回报就像是人生的天平，究竟怎样看待付出与回报，它体现着一个人的价值观；付出与回报又像是一对孪生的姐妹，唇齿相依，互相依存，就像俗话说的那样："种瓜得瓜，种豆得豆。"当然，付出，不是因为渴求回报；回报，却是为了答谢付出。

在很多人的观念中，都有一个错误的认识，他们总认为自己的付出大于收获，付出总得不到回报。但事实又是怎样呢？他们把收获完全等同于薪水、奖金了，他们认为自己为工作付出了那么多的汗水和智慧，而有的时候得到的仅仅只是一声表扬，甚至只有一个赞许的目光和微笑，这些与自己的辛苦工作根本无法画等号，这使他们觉得自己的努力被抹杀了，因而心理不平衡，进而影响他们在以后工作中的表现。这种想法使他们消极地对待工作，做一天和尚撞一天钟，结果就陷入了一种恶性循环中，越做越做不好。

没有付出，就没有收获，只有务实的行动，才有真实的成就，这是亘古不变的能量守恒的定律。人在做任何事情之前，都必须先搞懂这个定律，任何投机取巧的行为只能让你获得一时的成功。但长期以这种侥幸的心理取胜，最终对你将是一种莫大的伤害。世界上永远没有一劳永逸的事情，要想得到，必须先付出。就像银行的存款一样，要想从银行取到钱，就必须先存钱进去，生活和工作中的原理也是一样的。

付出等于回报，但有时候你必须耐心地等到果实成熟的时候。很多人以为付出立即就能有收获，因此当他们不能马上看到结果时，内心的焦躁就占了上风，以为自己的付出是没有价值的，其实他们需要的只是坚持。

何意深想开一家百货商店，于是征求父亲的意见。父亲建议他先考察一下周围的环境，最好帮助街坊邻居做一些事情，比如清扫街上的落叶、帮老人挑水劈柴、帮邮递员送信等，谁遇到困难就主动帮上一把。

何意深不解地问："这些跟我开百货商店有什么关系？"

父亲笑笑说："如果你想把自己的生意做好，这一切都会对你有帮助。"何意深虽然半信半疑，但还是照父亲说的那样去做了。

半年后，他的百货商店正式营业了。开业那天，顾客络绎不绝，大部分都是他帮助过的人慕名而来，甚至有一些老人拄着拐杖也要来他的商店买东西。后来他推出送货到家服务，遇到困难的家庭还会亲自上门慷慨解囊。

一年以后，由于报纸、电视争相对他的事迹进行报道，他开始声名远播，生意也越来越好。后来他开起了连锁店，生意越做越大，仅仅几年的时间，就从一个不名一文的年轻人，变成了一个拥有千万资产的企业家。

电视台的记者采访他，问他短短几年为什么能取得如此大的成就？他想了想说："因为在收获之前，我先学会了付出！"

俗话说，"种瓜得瓜，种豆得豆"。我们在"播种"的同时，也种下了自己的未来。

在学校里，舍得付出比别人更多的时间，学到的知识才会比别人多；在工作中，舍得付出比别人更多的精力，才能把工作做得比任何人都好。在社会上，舍得付出比别人更多的微笑，才会收获更多的友谊。付出越多，收获越多，不要斤斤计较你的付出。

对父母来说，我们的付出就要以孝为先，世界上最不能等待的事情就是孝敬父母。为家庭、老人、配偶、孩子付出时间、财富和精力，可以从中获得幸福、温馨与快乐。如果只是计较回报，不愿意付出，势必会导致家庭不和，甚至是破裂。

为工作、事业付出，会得到财富、职务、地位、声誉，收获成就感和幸福感。如果只计较回报，势必要被孤立、被淘汰。这些付出，不只源于获得回报，更源于对责任的理解与担当。敢于担当责任，是对家庭、事业、社会奉献和付出的崇高境界。

为人处世不能有投机心态和“投资”心理，不要把付出当作“情感投资”，不要为了捞取更大的利益和好处而有目的地去付出。要真诚面对人和事，切莫虚假和虚伪。热心帮助他人，及时向他人伸出援手，解他人燃眉之急，都不能怀有心机。做人做事，岂能尽如人意，但求无愧于心。不能做的事情，要及时拒绝，更不能为了面子而为难自己。

付出是人在社会、家庭、事业中的责任。付出了，才能体现自身的价值，自己也能得到回报；付出了，才能建立起别人对你回报的基础，自己同样也就会被关爱包围。

先付出，并且不断付出，让别人得到想要的，别人就一定会还给你更多。

俗语说：“一分耕耘一分收获”，能量守恒，春种秋收，这是自然界的发展规律，也是做事、成就事业的一个不可更改的定律。凡事要成就，必须真诚地付出，辛勤地劳作，不停地努力，才会在收获的季节里尝到丰收的滋味。

付出等于回报，你辛勤地付出了，努力了，走过人生的风雨，在人生之秋的收获季节里，你收获的也一定是辉煌的成功。

本章结语

生活中，你给出去的越多，你就得到越多。自私的人往往会遇到更多的自私，而愿意付出的人却能拥有更多。成功就像天空中的星星，要想获得那颗最闪亮的星星，你就要付出最多的努力。

第九章

感恩一切为你加持能量的人

感恩需要一种穿透人生的智慧

从古到今，关于感恩的名言数不胜数：“滴水之恩，当涌泉相报”“吃水不忘挖井人”“谁言寸草心，报得三春晖”“一饭之恩，当永世不忘”等，太多的名言警句，告诉我们，做人要懂得感恩，要珍惜我们所拥有的。

人的一生中，自幼时起，就接受了父母的养育之恩；等到上学，有老师的教育之恩；工作以后，又有领导、同事的关怀、帮助之恩；年纪大了之后，又免不了要接受晚辈的赡养、照顾之恩。大而言之，作为单个的社会成员，我们都生活在一个多层次的社会大环境之中，都首先从这个大环境里获得了一定的生存条件和发展机会，也就是说，社会这个大环境是有恩于我们每个人的。感恩，说明一个人对自己与他人和社会的关系有着正确的认识，这种正确认识，需要一种穿透人生的智慧。它不同于一般意义上的感谢，而应该是更深层意义上的，发自内心的一种生活态度。

当我们在漂亮的风景区有说有笑时，当我们在家里吃着可口的美食时，当我们在与朋友谈笑风生时，当我们在与家人幸福团聚时，我们是不是应该感谢上天给予了我们如此美好的生活呢？我们是不是应该学会知足感恩呢？

也许你并不觉得这些再平常不过的事情有什么值得去感恩的，因为你并不了解世界上有很多人连这种微小的幸福都体会不到。世界上有很多贫困不堪的人，他们为了生存而努力着。战争、自然灾害、种族歧视每天都在摧残着他们，但是他们却每天依旧露出灿烂的笑容。无论有多么大的折磨，他们都热爱自己的生活，不会因此不思进取，不会因此怨天尤人。因为感恩，让他们更加珍惜生活；因为感恩，让他们的生命发出智慧之光。

感恩让我们懂得生活的意义所在。但很多时候我们都是不懂得感恩的，明明手中拥有了很多，却仍在盲目地追求着一些虚无缥缈的东西，追求到最后，即使追到手了，我们也不会懂得当初做这件事的意义何在。这其实是在浪费无谓的时间，消磨宝贵的生命。事实上，只有我们懂得欣赏自己的生活，心怀感恩，用心过好每一天，做好每一件事，我们的生命才会有意义。

有一个农民，他每天都过着日出而作日落而息的生活，为此他感觉自己的生活实在是辛苦。他非常羡慕山上僧人的生活，他觉得僧人每天都无忧无虑的，只是诵经撞钟，生活实在是太惬意了。

与此同时，寺院里有一个僧人也非常羡慕农民的生活，他觉得农民每天都自由自在的，不受约束。而且不用诵读烦琐的经书，还有时间去田间游玩，实在是幸福。

有一天，两人遇到了一起。他们各自说着自己的想法。最终农民和僧人达成了协议，决定换一下彼此的身份。就这样，农民过上了他一直羡慕的僧人生活，而僧人也得到了体会农民快乐的梦寐以求的机会。

起初，两人觉得自己非常快乐，他们认为现在的生活要比从前好得多。

然而，时间久了，农民发现僧人的生活并不是那么美好，悠闲自在的日子只会让他感到无所适从，他总是感到十分无聊，他开始非常怀念自己以前的生活。

当了农民的僧人也开始怀念自己在寺院里的生活，他根本无法忍受世间的各种烦恼和劳累，想到自己以前无忧无虑的生活，更是对农民的生活感到厌烦。

几天后，两人换回了自己的生活。农民又开始了每天辛勤的劳作，在田地间挥汗如雨。虽然累，但是他感到无比的舒畅。僧人每天又开始了暮鼓晨钟的清幽修行，他觉得那朗朗的念经声音让人陶醉，让人心静。他无比享受每一个瞬间，他觉得自己的心更加的宁静了。

农民和僧人不懂得感恩生活，不懂得品味自己的生活。他们总是向往着别人的生活方式，却不去思考自己活着的意义。他们不懂得感恩生活，即使过上更好的生活，他们一样也会觉得索然寡味。这不是生活的问题，而是他们思想的问题。懂得感恩的人，无论他们的生活多么困苦不堪，他们依旧会过得有滋有味。因为他们爱生活，爱自己，是感恩成就了他们的人生，而他们反过来也让自己的人生更加精彩。

感恩是通向成功的一堂必修课，它会滋养温暖、自信、善良、热情、亲切等珍贵的品格。懂得感恩的人，任何时候都会快乐，都会开心，都会呵护别人，爱惜自己。他们才是真正懂得生活的真谛的人。

感恩是一种处世哲学。人生在世，不可能一帆风顺，种种失败、无奈都需要我们勇敢地面对、豁达地处理。英国作家萨克雷说：“生活就是一面镜子，你笑，它也笑；你哭，它也哭。”感恩并不仅仅是一种心理安慰，也不是对现实的逃避，更不是自欺欺人的精神胜利法。而对生活的爱与希望，来自一种穿透人生的智慧，是把生活带上幸福之途的大智慧！

“苦乐无二境，迷悟非两心”，感恩的心会让我们化绝境为感谢，化困境为顺境，即便面对死亡，也能安然无憾。这就是生活的智慧，就是让我们安心、快乐、幸福的秘诀。

感恩，是一条基本的人生准则，是一种人生质量的体现，是一切生命美好的基础。只有懂得感恩的人才是真会生活、懂生活的人，他们具有穿透人生的智慧，懂得惜福，能够不断升华人生境界，他们的人生因而变得开阔自在。不管人生会遇到怎样的境遇，他们都能最终战胜苦难，扬帆远航，驶向光明幸福的彼岸。

感恩对手：成功靠朋友，持续成功靠对手

俗话说：“人在苦中练，刀在石上磨。”没有压力就不会有动力，没有竞争就不会有进步，正是对手的追赶驱使我们不断向前迈进，驱使我们生命的车轮不断滚滚前行。

对手是促使我们不断进步的动力，竞争是我们逐渐变得强大的原因。

职场和生活中，对手或许是有形的，抑或是无形的，他们既是同行者，又是挑战者。有了对手，我们才会认识到自己的缺点，才会激发自己的潜能，才会迫使自己奋勇前进，持续成功……因此，成功靠朋友，持续成功靠对手。如果我们懂得感恩对手，我们就能变得更加强大。

一位动物学家曾经在非洲大草原做过一个研究。他发现草原上奥

兰治河两岸的羚羊虽然生存环境、食物来源都是相同的，但是河东岸的羚羊的繁殖能力要比西岸羚羊强很多，它们的奔跑速度也要比西岸羚羊每分钟快大约13米。这位动物学家在奥兰治河两岸各抓了10只羚羊，然后将它们送到对岸。

一年以后，运到东岸的羚羊经过繁殖已经增长到14只，而运到西岸的羚羊却只剩下3只。东岸的羚羊之所以繁殖力强、身体强健，是因为，这里生活着它们的天敌——狼，而西岸的羚羊没有天敌，情况却越来越差。

可见，没有天敌的动物常常会加速灭绝，而在天敌驱赶下存活的动物却越挫越勇，不断繁衍壮大。人也一样，在对手的刺激之下，人们往往能激发出超凡的潜能，从而创造出令人吃惊的成就。

在现代这个竞争异常激烈的社会，我们的对手往往都是各方面的能手，在与他们的竞争中，你会发现自己的提高相当迅速。正是这些竞争对手让你时刻警醒，你才能毫不松懈地不断完善自己，让你更深刻地认识自己，看到自己的不足之处，是他们让你的工作更加积极，让你的生活更加多姿多彩。

其实，竞争对手的出现也为我们的工作与生活增添了许多异样的精彩。

正因为竞争对手的出现，我们的生活才不像白开水一样平淡无味；正因为竞争对手的出现，我们的意志才变得更加坚强；正因为竞争对手的出现，我们才能享受竞争的激情；正因为竞争对手的出现，我们才能真正体验到工作与生活的快乐。

一个没有竞争对手的世界，一切都是死气沉沉的，没有对比，更没有发展和提高，社会的进步也将因此停滞，人们的希望也会开始变得迷茫。对手每时每刻都会陪伴在我们左右，我们能做的不是抱怨和逃避，而是感恩对手的存在对自己力量的激发。

或许从表面上看来，我们从竞争对手身上所得到的“好处”远远小于“坏处”，这很可能是因为我们从对手身上得到的学习机会没有那么直接、明显，可是不要忘了，仅仅是对手带给我们的需要承受的压力就已经是很宝贵的财富，对我们的成长和成功将会大有助益。

所以，我们不要随便把对手视为敌人或仇人，只有这样，我们才可以冷静地观察对手，并客观地审视自己；也只有这样，我们才能通过和对手交手的过程学习更多有价值的东西。

俗话说得好：“尺有所短，寸有所长。”如果我们多看看对手的强项和优势，从心底里尊重和欣赏对方，那么我们就能更容易从他人身上学到长处，从而更利于自己的发展。

古人说知音难觅，其实对手更难求。如果缺少对手，我们将会迷茫而不知所措，我们的生命也因此缺乏更有价值的东西。

所以，我们不妨主动接受对手，放下我们的自私和虚荣，在与对手的竞争中，光明磊落，心态平和。

如果把对手仅仅看作与我们势不两立的敌人，那么当对手比我们强大的时候，我们就会产生嫉妒之心，恨不得置之死地而后快。而真正有智慧的人则会对对手心怀感激，拥有大气宽容的心态。

历史上很多相关的案例较多。

三国时期的周瑜，在千方百计算计对手诸葛亮不成，反倒“赔了夫人又折兵”，终于发出“既生瑜，何生亮”的悲壮感慨，并郁郁而终。而宋朝时爬上丞相职位的秦桧则以“莫须有”之罪陷害对手岳飞，反倒落得长跪西湖，遭人唾弃的下场。与他们相反，春秋战国时期的廉颇蔺相如的和解换来的是千古佳话；而诸子百家、百花齐放赢取的则是思想的大飞跃。

因此，如果我们在和对手的较量中，拥有积极的心态，更容易促进双方的进步，而如果一门心思陷害对手，那么最终只能是害人害己。

不过遗憾的是，很多人还做不到把对手当朋友。这是因为对手和敌人往往只有一线之隔，甚至是一体两面。所以在多数情况下，对手是很容易被视为仇人一类的。因此，我们会不自觉地带着各种情绪来看待对手，心里会油然而生这样的想法：对手就是置我于死地的人，怎么能向他学习呢？

其实我们不知道，越是敌人和仇人，他们身上可供我们学的东西才越多。不妨想想看，对方要消灭你，一定是用其心力，倾其智慧。殊不知，对手使出浑身解数的时候，也正是传授给我们最多招数的时候。

所以，如果你遇到的是强大的对手，那么应该恭喜你。对于如何“对付”这个对手，最好的办法就是像每天照镜子一样，时时地盯住这个对手，从各个方面欣赏他，向他学习自己身上所欠缺的东西。

奥地利作家卡夫卡也说：“真正的对手会灌输给你大量的勇气。”清代金缨在《格言联璧》中也写道：“经一番挫折，长一番见识；容一番横逆，增一番气度。”由此可见，只要你心态积极，对手的挑战对人生不但不是消极的，还是促进我们成长的积极因素。唯有经历各种各样的对手的折磨，才能拓展出我们生命的宽度。

感恩那些折磨我们的对手吧，是他们让我们的翅膀在一次次挣扎中变得更有力量，增进更多生存智慧的雄韬伟略，更能面对风雨，从而翱翔于任何一片天空中。

有一种力量叫感动

一天，两位老人离开旅游团，相携着到山崖上看夕阳。夕阳无限好，橘红的霞光点燃了西天的云絮，犹如一场缤纷而下的太阳雨溅落在山石草木上，跳动着灿烂无比的光芒。两位老人站在崖边，如醉如痴地欣赏着美景。突然，她感到有一个东西往下坠落。她下意识地伸手一拽，拽住的正是她失足的丈夫。

她拽住他的衣领，拼命往上提拉，但无论怎么努力，都无济于事。他悬在山崖上也不敢随意动弹，否则两人都会同时摔落谷底，粉身碎骨。

她拽着他实在有些支撑不住了。她的手麻木了，胳膊又肿又胀，仿佛随时都会和身子断裂。她知道她瘦弱的胳膊禁受不住他太沉的身子。她只能用牙齿死死咬住他的衣领，坚持到最后一刻。她期望有人猝然出现使他们绝处逢生。

他悬空在山崖上，等于把生命之符钉在鬼门关上。在这日薄西山的傍晚，有谁还会来到山崖上注意到他们这一幕呢？他说："放下我吧，亲爱的……"

她紧紧咬住牙关无法开口，只能用眼神示意他不要吱声。

一分钟过去了。

两分钟过去了。

十分钟过去了。

……

冥冥中，他感到有热热黏黏的液体滴落在他的脸上。他敏感地意识到血是从她的嘴巴里流出来的，似乎还带着一种咸咸的腥腥的味道。他又一次央求她道："亲爱的，放下我吧！有你这片心意就足够了，面对死亡，我不会埋怨你的……"

一小时过去了。

两小时过去了。

……

他感到有大颗大颗热热的液体，吧嗒吧嗒滴落在他的脸上。他知道她的七窍在出血。他肝肠寸断却又无可奈何。他知道她在用一颗坚毅的心，和死神对峙，对抗，争夺。他突然感悟到生命的分量此时此刻显得无比沉重。死神正鹰鹫一样拍打着玄色的翅膀，向他长唳而来，俯冲，袭击，一不小心，生命就会被包埋在蚕茧里终止了。

不知过了多长时间，旅游团的人们举着火炬找到山崖上救下了他们。

她在洛杉矶的一家医院里住了好长时间。那件事发生后，她的牙齿整个都脱落了，人再没有站起来过。他每天用轮椅推着她，走在街上，去看夕阳。

他说："当初你干吗拼命救下我这个糟老头子呢？亲爱的，你看你的牙齿……"

她喃喃道："亲爱的，我知道我当时一松口，那么失去的就是一生的幸福……"

他推着她向夕阳走去。

他们的故事在小区传开了后，整个小区的人们都感动了。那以后，据说小区的风气好了很多，夫妻更加和睦，邻居之间也变得更加和睦了。

生命中有一种宝贵的力量叫感动，它是人性的灵光闪现，可以驱除心中的黑暗，让阳光撒满心田。让人感动的事，犹如美丽而灵性的山间小溪，叮叮咚咚，轻松欢快地流淌着，让人回味，让人温暖，瞬间洗去了很多心灵上的浮尘。

在人们的生活中，有许许多多的瞬间让人感动。正是这些感动，滋养了人的心灵，激发了生命中的真、善、美。正是这些感动，让人更懂得怎么去真诚地帮助别人并给予快乐。

许多时候，感动我们的那些美好东西，往往就隐藏在很普通、很平凡的事情中。它们都有着相同的本质，裹着一层朴素，包含一腔真诚。我们用心感受这份真诚，同时也感受到了心灵深处发出的丝丝缕缕的震颤，这就是生命中可贵的感动。拥有感动，是生命最珍贵的回馈，是心灵最耀眼的阳光。

生命需要感动的力量。体味感动的力量，会使我们一生受益。在生命旅程里，让我们用心体会每一刻的真心感动吧！体会生命中宝贵的真情流露，让我们付出爱心，让爱成为生命中感动的源泉吧！

感动也是一种能力

感动，是思想感情受外界事物的影响而激动，引起同情或倾慕的情感。在我们生命的成长过程中，感动之情油然而生是具有格外重大的意义的，它直接而自然地启蒙着每一生命个体的认知能力和回报意识。

不久前，一个朋友谈到央视举办的“感动中国”年度人物颁奖典礼晚会，很自然地就说到了感动的话题。她说：“直到现在，我骨髓里都有一种为一场义举、一个事迹甚至不经意的一句话、一个举动而感动的冲动！”

是的，一个人必须有这样的能力。这样一种能够被生活和许多常人习以为常的事情而感动的能力。

我们大多读过《青春之歌》《钢铁是怎样炼成的》《长征》，抑或泰戈尔、徐志摩等人的优秀文学作品，时常被感动得热泪盈眶、激情澎湃，这种感动又往往转化为一种人生实践，鞭策着自己不断学习，成就未来。

然而，当我们随着年龄的增长，有了很多人生阅历，甚至经历了很多人生的坎坷、不幸和沧桑后，感动却离我们越来越远了。哪怕面对应该被感动的事情，竟然心如止水甚至是不屑一顾。而这种迟钝、麻木，抑或是人们所说的“心硬”却被许多人冠之为一种成熟，一种让自己适应平庸的成熟。

诚然，人都有一种感受阈值，见多识广，有了第一次经历，第一次感动，类似事件再次经历时便不再那么触动，那么温暖。尤其是随着年龄的增长，人生中的第一次经历就越来越少，慢慢地心就会包裹得越来越厚，不会轻易地“破茧而出”，最后转化为习以为常，漫不经心。

但是，感动是一种对生命美好的体验，是对他人真情的关照，是和自我灵魂的一种深刻联结。

感动和灵性相伴随，灵性和敏锐相连接，敏锐和深邃相统一，深邃和奇异的发现、独特的思考相交融。

在点点滴滴的感动中，我们收获的不仅仅是感触和智慧，还有人生的感恩与快乐。

在长长短短的感动中，我们发掘的不仅仅是灵性和敏锐，还有奋发的激情和活力。

不能拥有敏锐准确的感动能力，就是在浪费生命的长度、降低生命的质量。人生是由每一个片刻串联起来的，若不能把握刹那时光，好好感受真情的感动，那又怎能拥抱整个人生的美好?

每一个希望拥有幸福人生的人，不仅应该具有冷静沉着的理性，还要有热情的感性。只有冷静与热情并重，理性与感性并存，你才能真正拥有幸福并得到众人的支持。

在文明社会里，人与人之间多一分宽容，多一分亲密真挚的联系，多一分真实的感情交流和沟通，彼此间相互惦记、相互关心、相互帮助，这不仅会感动别人，也会感动自己。其实，这种感动便是幸福，而经常沉静于幸福中的人，不就等于沉浸在天堂中么?

感动其实就发生在某个瞬间。比如：病床前亲人、朋友的簇拥和问候；动物在抵御猎人的突袭中，情急之下惊人的护子之举……感动，也许只是一声真诚问候，一眶真情泪水，一种关怀，一种态度。正是这些不经意的组合，强化了我们做人的善良、正义、责任和涵养。

感动不等于流泪，悲情也不一定是感动。感动是发自肺腑的情感，是自心底油然而生的敬佩，是对心灵的折服。

在现在传媒高度发达的世界里，最能感动我们的不是别人的故事，也不是财富物质的所得，而是我们那颗能够感恩的心。能被别人感动固然很好，但是如果能自己感动自己，或者能感动别人岂不是更好。

感动也是一种能力。请试着开始为每件小事感动吧。为活着感动、为愉悦地用餐感动、为闻到花香感动、为能任意伸展四肢感动、为别人朝你微笑而感动，等等。时间之轮永远都在向前滚动，逝去永不回头。生命中有许多看似理所当然的事，不要等到失去之时，才觉得格外珍贵。珍惜眼前的所有，感受当下的真实，感动当下的真情，我们的内心会更充实而富有，人生路上风景会更美好和清丽。

感恩新引力法则

心理学家2002年的研究报告显示，在800多个对人类特质进行描述的词语中，感恩是最被人尊重和喜爱的品质之一，仅次于真诚、有爱心以及值得信任。而不懂感恩被认为是最让人讨厌的特质之一。

“感恩”也是尊重的基础。在道德价值的坐标体系中，坐标的原点是“我”，我与他人，我与社会，我与自然，一切的关系都是由主体“我”而发射。尊重是以自尊为起点，尊重他人、社会、自然、知识，在自己与他人、社会相互尊重以及对自然和谐共处中追求生命的意义。展现、发展自己的独立人格。同时，感恩也会使人的身心更好地适应社会、适应自然。

感恩是一种新引力法则，具有一种强大的引力。感恩的举动所能带来的连锁反应，会吸引和感染周围的每一个人。震撼心灵的感谢之声永远不会引起误会，它是没有国界，可以跨越地球上一切障碍，使世界变得更加和谐、更快乐的最简单易行的方式。所以我们要学着去感恩，因为感恩是所有非智力因素的精神底色，感恩是学会做人的支点；感恩让世界这样多彩，感恩让我们如此美丽。

作为一种新引力法则，感恩能够使人懂得知足，进入良好的生活状态。

俗语说：“知足常乐。”老子说：“知足者富。”知恩，感恩，谢恩，才会懂得知足。

安东尼·罗宾说：“你有什么样的感觉，你就有什么样的生活。”发生同样一件事，我们可以把这件事当成别人帮了我一个忙，我很感激；也可以当成帮不帮忙对我来说无所谓。不同的感觉产生不同的情感，只有更多感到满足，更多心存感激，才能感觉到愉悦和美好，才能够建立起良好的生活状态，才能够体会到生活的真谛。

作为一种新引力法则，感恩使人与环境融洽和谐，激发出人的更多善意行为。

“感人之恩，必不与人争。感人之恩，必与人为善。”一个知恩感恩的人，他的生活环境必定是完美的，使他幸福平安的。这样幸福平安的生活会激发出他更多善意的行为，随之而来的也是对方对施善者善意行为的肯定。善意行为得到强化后，便会给施善者营造出更加和谐融洽的环境。

作为一种新引力法则，感恩使人成长，促进自我实现的达成。

感恩是一种学习。从别人所做的“一切”当中，去体验和学习做人之道，处世之道，从而不断地使自己变得越来越完美。马斯洛的需求理论中，自我实现的需要是最高层次的需要，要追求自我实现就要使自己尽可能地完善从而达到自己对自己的要求。俗话说，没有最美，只有更美。人生的使命就是在追求自我实现的过程中不断地完善自己，提升自己。

作为一种新引力法则，感恩可以帮助我们建立和谐的人际关系，是对社会和谐的一种贡献。感恩是有助于增强个体幸福感和人际关系满意度，有益于促进社会团结、和谐的一种积极的人类力量。感恩是人与人良好相处的“黏合剂”。感恩使被感恩的人在社会互动中不断感受到自己的价值，进而以人为本，与人为善，共同营造出一个互相感谢、相互尊重的社会。相反，一个感恩意识缺乏的社会中，人与人之间必然是冷漠、相互猜忌的。

感恩，就是个人生活中不可或缺的阳光雨露，一刻也不能少；无论你是何等尊贵，或是怎样卑微，无论你生活在何地何处，或是你有着怎样特别的生活经历，只要你始终心怀感恩，随之而来的，就必然会不断地涌动着诸如温暖、自信、坚定、善良等这些美好的处世品格。自然而然地，你的生活中就会有一处处动人的风景，你的人生之树就会结出累累的硕果。

如何做一个感恩的人呢？

1. 感恩需要划定恰当的心理界限

懂得感恩的人，会慢慢为自己划定恰当的心理界限。未划定心理界限的个体往往察觉不到别人对你的伤害。其实仔细观察周围不难发现，划界限能力差的人易患上病态恐惧症，他们不会与侵犯者对抗，而更愿意向第三者倾诉。如果我们是那个侵犯了别人心理界限的人，发现事实的真相后，我们会感觉自己是个冷血的大笨蛋。同时我们也会感到受伤害，因为我们既为自己的过错而自责，又对第三者对我们的评头论足而感到愤慨。

恰当的心理界限在于你能明白什么是别人可以和不可以对你做的。当别人侵犯了你的心理界限，告诉他，让他改正。划清心理界限使你懂得如何去把握这个界限与距离，使你和身边的人相处融洽，也会使你减少不必要的怨恨和抱怨，懂得感恩的真谛。

2. 感恩需要知恩

我们只有感知别人对我们的恩情，才会触发我们的感恩之心。因此平时我们要用心感受生活中点点滴滴的恩惠，感受这种恩惠背后的情感力量。了解感恩的价值对于认为收获是理所应当的人们具有巨大的启发作用。

3. 感恩需要表达

有些时候，简单的一朵花就可以表达谢意，给对方喜悦和希望。可惜的是，有些人并非不愿意表达感恩，而是天性木讷、害羞，不好意思大声说“谢谢”，或者是不明白应当怎样适当地向对方表示。

实际上，表达自己的感恩或接受对方的感恩，都是需要学习并且将它培养成为一种习惯的。如果是出于感恩之心，一句“谢谢”、一张贺卡、一封信、一个电话、一次拜访、一份礼物……都会因为彼此的真诚，而甜如人间最美的甘泉。

带着一种从容、坦然、喜悦的感恩心情去工作和生活，你会收获更大的成功。

“人”字很简单——一撇一捺。然而人要想顶天立地，必须得有众多人的鼎力相助，否则，人就会坍塌，甚至一败涂地。中外历史上很多英雄豪杰，成就成在“振臂一呼，应者云集”，败就败在“离心离德，孤家寡人”。所以，感恩就是一种利人利己的责任，是一份美好感情，是一种健康心态，是一种良知，更是一种成功的动力。一个人能懂得感恩一切为自己加持能量的人并知恩图报，才能真正地实现人生价值和理想。

第十章

疯狂吧，人生只有一次选择

生命的长度与宽度

生命是一个复杂而完整的系统，是一个具有长度和宽度的立体结构。

人是作为一种生物体而存在于世，这就决定了人同宇宙中的其他物种一样，经历着孕育、成长、死亡的生命过程。生命是自然的产物，它本身是有限的存在，具有有限的“长度”。长生不老只是神话传说，它反映了人的一种需求与期盼，之所以有这种期盼，是因为人意识到了生命长度的有限性。人的生存就是一个走向死亡的过程，无论你有多么美好的愿望，多么奇异的幻想；无论人类怎样通过神话，甚至现代的克隆技术去追求不死，人的生命终究有一个限度。上天赋予人的生命只有一次，所以生命是最宝贵的。

有长度的生命是人的一切社会活动或行为的基础，它的健康存在是幸福人生的前提，因此我们要保证生命机体的健康运转。

人的生命长度的有限性，促使人们去珍惜生命的每一天。海伦·凯勒在《假如给我三天光明》一书中写道：“我们谁都知道自己难免一死，但是这一天到来，似乎遥遥无期。当然，人们要是健康无恙，谁又会想到它，谁又会整日惦记着它。于是便饱食终日，无所事事。有时我想，要是人们把活着的每一天都当作是生命的最后一天该有多好啊！这就能更显出生命的价值。”

从生命的宽度来说，人的自然生命具有生物性，人具有本能的需求、冲动和欲望，但人的伟大之处就在于能把本能置于意识和理智的控制之下，让人类行为因为有了精神的统领和支配而打上社会的烙印，这个烙印便体现在生理生命之外的其他的生命形态上。

人总是处于一定的社会关系之中，并承担一定的社会角色；人的生命是在一定的社会框架中展开的，受社会因素的制约。因此，人的生命呈现出“关系性”的特点，并在横向维度上延展，形成生命的宽度。

身体发肤，受之父母，生命的宽度首先体现在血缘血亲的不可分割性。

任何一个人都不是凭空诞生，一定是父精母血孕育而就，人由此传承了父母的血脉，同时也要繁衍子孙后代。这就使人之生命与前辈建构了关系，也与后辈密不可分。个体的生命与亲人的生命互相渗透、部分重叠，丝丝缕缕地连接在一起，个体生命的逝去，意味着亲人的关系性生命同时被活生生地撕裂出一个血口，自此他们的生命便充满伤痛。因此，那种认为生命是自己的，自己有权力随意处置生命的观念是错误的，他们漠视了关系性生命的存在。

人是社会的人，生命的宽度还体现在个体与社会其他成员的相互依存上。个体要维持自然生命，提高自然生命的质量，其维持身体机能正常运转的“物质原料”离不开社会中的物质交换；人不能抛开社会性及与他人的关系而单纯地强调自然生命的需要或精神生命的自由，不能损害他人的利益和自由；人本身就存在着与他人交流沟通、寻求心灵共鸣与情感相容的需求和愿望，而这愿望的实现离不开社会交往，生命价值的实现必然以对社会的贡献和支持为前提。

长度，人之寿命也；宽度，人之价值也。两者相融相生，不相抵，可以达到和谐辩证的统一。

怎样延伸生命的长度？长寿名人、智者都各有各的活法，但有一条共同的规律：科学地生活。思想巨匠孔子活了73岁，属古稀之年。如此长寿在2500年前实属少见。虽然他家庭不富裕，一生奔波，历经磨难，但他的智慧还在于有养生之道。孔子一生从不在闹市下饭馆吃酒食，在家中坚持吃五谷杂粮和蔬菜，居住以简朴舒适为宜。反对铺张浪费。加之他经常走路、做操，所以成“古稀之人”。还有很多高寿名人的事例，不胜枚举，都是延伸生命长度的光辉典范。

如何拓展生命的宽度？一个人取得巨大成功，展现出人生价值，究其原因是复杂的，条件是多样的，如何认识却仁者见仁，智者见智。除了时代造化、天赐良机、天赋聪慧、坎坷经历、基础教育和良师指点等客观因素外，从主观努力上讲，古今中外成就大业者至少具备以下几点：其一，立志高远，信念坚强。其二，毅力超人，坚韧不拔。其三，不计名利，不图享受。名利熏心的人得不到盛名，贪图安逸享受的人成不了大器。其四，勤奋学习，艰苦思考。凡是伟人、名家、智者都是勤奋学习的楷模、善于艰苦思考探索的榜样，他们博学多思，在知识的海洋里汲取无穷无尽的养分，使自己的天智得以充分地发挥。他们在学习、思索中，经常达到“如痴如醉”“物我两忘”的境界。正因为他们如此执着地钻研，才成为科学巨匠。

生命的长度与宽度不是矛盾对立的，不能以为有长度就很难有宽度，或者有宽度就达不到应有的长度。“长”与“宽”都是相对的，因人而异的，有的人有长度没有宽度，有的人有宽度而没有长度，有的人既有长度又有宽度，有的人既没有长度也没有宽度。我们要力争做到二者的有机结合，要力求延伸人生的长度，同时也要努力拓展人生的宽度。长而宽之是人生最佳结果，宽而短之要尽量避免。长度可以拓展宽度，宽度也可以延伸长度，这就是人生的辩证法，它可以在每个人的运筹和掌握之中，至于结果如何，那就事在人为了。

没有舍不得，只有放不下

在非洲，人们抓捕狒狒有一套十分奇特的招法。他们将狒狒爱吃的食物高高举起，故意让躲在远处的狒狒看见，然后把这些食物放进一个小洞中。等人们走远，狒狒就会欢蹦乱跳地过来，把爪子伸进洞里，紧紧抓住食物，但由于洞口极小，它的爪子握成拳后就无法从洞口抽出来。

这时，人就可以不慌不忙地过来收获猎物，根本不用担心狒狒会跑掉，因为它们舍不得那些可口的食物。越是惊慌和急躁，就将食物攥得越紧，爪子就越是无法从洞中抽出来，终于搭上了性命。

其实，那些狒狒只要稍一松开爪子，放下食物，就可以溜之大吉，但它们却偏不！跟它们的生命比起来，哪个更重要呢？显然，它们并不是舍不得，而是放不下。

就这一点来说，狒狒如人，亦可说人如狒狒。很多人在拿起一件东西时，就很难再把它放下，而这一点也正是烦恼产生的根源所在。

人生的一切烦恼，归根结底就是因为没有学会放下，从而使自己的身心背负着沉重的包袱，因而生活也变得越来越辛苦。“智者无为，愚人自缚”，人都喜欢给自己的心灵套上枷锁。但是，当人们的心灵感到疲倦和痛苦时，很少有人会想到让自己的心灵放下对外界事物的执着。不仅如此，很多人还会一味将心灵的痛苦归咎于外界事物的不如意。

人的心灵总是被太多的包袱所拖累，放下包袱，放下执念，同时也是在放飞你的心灵。佛说：放下即得到。放下烦恼，即得到快乐；放下仇恨，即得到解脱；放下贪欲，即得到平和。

放下，不仅是一种解脱的心态，更是一种清醒的智慧。不管境遇如何，放下昨日的辉煌，放下昔日的苦难，放下所有束缚你的包袱。放下了，你就会有顿悟之后的豁然开朗，重负顿释后的轻松，云开雾散后的阳光灿烂。

理智地放下，也是人生目标的重新确立，是自我调整、自我保护的最佳方案。学会放下，给自己另辟一条新路，往往会柳暗花明。

他是个农民，但他从小的理想是当作家。为此，他一如既往地努力着。10年来，他坚持每天写作500字。每写完一篇，他都是改了又改，精心地加工润色，然后充满希望地寄往各地的报纸、杂志。遗憾的是，尽管他很用功，可他从来没有一篇文章得以发表，甚至连一封退稿信都没有收到过。

29岁那年，他总算收到了第一封退稿信，那是一位他多年来一直坚持投稿的刊物的编辑寄来的。信里写道："看得出你是一个很努力的青年，但我不得不遗憾地告诉你，你的知识面过于狭窄，生活经历也显得过于苍白。但我从你多年的来稿中发现，你的钢笔字越来越出色了。"

就是这封退稿信，点醒了他的困惑。他意识到，自己不应该对某些无望的事坚持到底。于是，他毅然放下了写作，而练起了钢笔书法，果然长进很快。现在，他已成为了有名的硬笔书法家。

如果你花很大的精力长期从事一项事业，但仍旧看不到一点进步、一点成功的希望，那就不必浪费时间了。与其继续无谓地消耗自己的力量，不如去寻找另一片沃土。目标是一种方向，需要恰当地选择。假如你的一个目标发生了问题，就应当马上更换一个目标，这样才能挖掘你自己。

放下，并不是让你放下既定的生活目标，放下对事业的努力和追求，而是放下那些已经力所不能及、不现实的生活目标。

放下，不是退缩和隐藏，而是教你如何在衡量自己的处境后有的放矢，聪明睿智地做出正确的选择。

人生最大的包袱不是拿不起，而是放不下。拿得起是一种能力，放得下是一种智慧。

成功并不总是青睐那些死守一个真理的执着者，它还格外偏爱那些懂得适时放下的聪明人。要想达到自己的目标，我们固然要“拿得起”；但与此同时，当我们发现“此路不通”时，也要学会及时地放下。就像有人说的：苦苦地挽留夕阳的，是傻子；久久地感伤春光的，是蠢人。不懂放下的人，常会失去更珍贵的东西。很多时候，放下恰恰是心灵高度的跨越，是睿智思索的最佳选择。

人生原本没有舍不得，只有放不下。放不下的人，处处是迷途；放得下的人，处处是大道。只有懂得放下，才能将该拿得起的东西更好地把握住，从而抓住最重要的东西。也只有这样，你的人生才会有一个更好的结局。

放下才能承担，舍弃才能获得

人生在世，有许多东西是不愿放下和舍弃的。有既得的，有想要的；

有精神的，有物质的；有名利的，有情分的。“难舍”“割舍”“舍不得”等词汇，体现了人们面对舍弃时的痛苦和无奈。但是，经验告诉我们，一些东西如果不舍弃，势必成为一种负累。正如印度诗人泰戈尔所说，当鸟翼系上了黄金，鸟儿就飞不远了。勇于放下和舍弃是一种现实需要，善于放下和舍弃也是一种处世艺术。放下才能承担，舍弃才能获得。

放下和舍弃对金钱的欲望，就等于是放下和舍弃了心灵的包袱，也就获得了快乐与幸福；放下和舍弃对名与利的贪念，就等于放下和舍弃了心灵的枷锁，也就获得了轻松与坦然；放下和舍弃不属于自己的东西，就等于放下和舍弃了心灵的牵绊，也就获得了永恒的静谧与真正的快乐。

所以，在生活中，我们要想获得心灵的平静与快乐，就应该勇于放下和舍弃心中的欲望与贪念，否则，不仅不能得到更多，反而还会失去更多。

一个贫穷的人带着食物与水到沙漠里去寻金，几天过去了，宝藏没寻到，身上的食物与水却没了。两天了，他已经没喝过一滴水，吃过一块面包了，没有任何力气的他只有静静地躺在那里等待着死亡的降临。就在他临死的前一刻，他向神做了最后的祈祷：

“神啊，请帮帮我这个可怜的人吧！如果我能得到一点点的水和食物，我宁肯舍弃金子。”

刚说完，神就真的出现了，满足了他的请求。他吃饱喝足后，就想着自己已经经受了这么多磨难，怎么能舍弃寻宝的愿望呢，说不定宝藏就在前方不远处。于是，他又继续向沙漠的深处走去，很幸运，他找到了很多金子。看着光彩夺目的金子，那个人兴奋十足，就贪婪地将金子装满了自己身上所有的口袋。

但是，他已经没有足够的食物与水来支撑他走完回家的路了。

但是，他还是背负着重重的金子往前走，随着体力的不断下降，他也不得不扔掉一些金子，他边走边扔，以致将身上所有的东西扔掉后还是没能回到家。到最后，他又静静地躺在地上，在临死之前，又开始向神祈求："请赐予我更多的水和食物吧!"

最终神对他说："我再赐予你更多的水和食物，你是否要再返回去把扔掉的金子捡回来呢?"

故事中的人，死到临头，都没有摆脱欲望与贪念的缠绕，因为他心中时时存有贪念，最终不仅没有得到想要的金子，还失去了生命。如果他能适时地舍弃，就不会落至可悲的下场了。

苏格拉底的"如何寻找最大麦穗论"就是教我们如何选择的：在一块麦田里先走上三分之一的路，观察麦穗的长势、大小、分布规律，在随后的三分之一的田地里选定一个较大的，然后从容走完剩下的三分之一的路。即使在这三分之一里面还有更大的麦穗，按照规律来说也不至于令你太过遗憾了，总比一上来就匆匆选定，或者行程快结束了才胡乱抓一个更具有科学性，更能使人心安理得。苏格拉底的"寻找最大麦穗理论"是选择的技巧，也是放下和舍弃的智慧。有时候你的目标太多，不妨扔掉一些，这样选择对你而言才会是快乐而不是苦恼的。

在脆弱与短暂的生命中，有太多珍贵的东西需要我们去把握，但如果我们为了追求一些身外之物而失去了生命中更有价值的东西是得不偿失的。

人的贪欲就像一团熊熊燃烧的烈火一样，柴放得越多，火就会烧得越旺，而火烧得越旺，你就时刻会有再添柴的冲动。面对尘世的诱惑，我们想拥有得太多：想拥有成功的事业，又想得到更多的金钱，还想获得美满的婚姻……欲望会随着一个人愿望的实现而变得变本加厉，慢慢地，人的心灵会疲惫不堪，生活也会枯燥无味，最终整个生命也只能在痛苦的深渊中挣扎不止。

有些人就是不能做到知足知止，他们的人生永远在选择，在追逐更好的东西，以便提升自己的名望、地位，他们从来就没有想过放下和舍弃那些不足取的东西。因此，他们的人生永无宁静，永无快乐。

没有放下和舍弃的勇气和胆识，你就无法比别人看得更远，无法比别人走得更远。我们的时间和精力都是有限的，在一个时间段内，我们也许能做好一件事情，但不可能同时做好几件事情。

其实，放下和舍弃并不意味着失去。放下贪婪，就得到了轻松；放下痛苦，就得到了快乐；放下患得患失，就得到了洒脱；放下阴霾的昨天，就得到了晴朗的今天。

很多人常常患得患失，很多时候对自己已经失去作用的事物却一直耿耿于怀，不能放下。其实一旦放下，放眼长空，不仅可以使自己释怀，更多时候还能使他人获益，一举多得。

勇于放下和舍弃是一个聪明的选择，也是人生的一种收获。放下了，就得到了，只有有所舍弃，才能获得更多超乎自己想象的更有价值的东西。有智慧的人是那些懂得放下和舍弃的人，他们也自然离成功总是更近。

人生在世，有许多东西是需要不断放下和舍弃的。在仕途中，放下对权力的追逐，随遇而安，得到的是宁静与淡泊；在淘金的过程中，放下对金钱无止境的掠夺，得到的是安心和快乐；在春风得意，身边美女如云时，放下对美色的占有，得到的是家庭的温馨和美满。

舍弃对虚名的争夺，舍弃心中所有的难言的负荷，舍弃无谓的争吵，舍弃没完没了的解释，你就能远离烦恼，摆脱蚕丝般的世俗的纠缠，才能使整个身心都沉浸到轻松、愉快与宁静中去。有这样一句经典的话：当你紧握双手，里面什么也没有，当你打开双手，世界就在你的手中。只有懂得放下，才能使你在有限的生命里活得充实、饱满而旺盛。生活中，鱼和熊掌不能兼得，只要我们勇于放下欲望和贪念，就能得到更为别样的精彩的人生景致。

人生中，必要的放下不是失败，而是智慧；必要的放下不是消减，而是升华。人要学会退一步思考，有舍才会有得。所以，我们说必要的“舍”是一种理智，是一种智慧，是一种升华，是一种更高层次的“得”。也只有懂得放下，才能真正承担；只有懂得舍弃，才能真正获得。

直面人生，撕下虚伪的面具

简单地说，虚伪就是不真实、不实在，弄虚作假。虚伪就是口是心非、表里不一、口蜜腹剑。

朋友想要请客，心中明明高兴得要死，嘴上却说：“多不好意思啊，总让你破费。”学校号召为灾区捐款，心中明明一百个不乐意，嘴上却说：“灾区人民太苦了，这钱我早就想捐了！应该早点搞这个活动!”领导提出了一项决策，明明心里持不同意见，嘴上却说：“这是多么英明的决定啊!”挨了领导批评，被罚了款，明明心里很不舒服，甚至可以认定领导是错的，但嘴上却说：“多亏领导的帮助，要不我不会对错误认识这么深刻。”一个领导或是同事能力不强，心中明明瞧不起他，嘴上却说：“你能力很强，水平真高。”朋友找你去帮忙，明明心中不想去，嘴上却说：“就这点小事，我一定帮你办到。”……细心的人可以发现，每个例子中都运用了“……明明……却……”的句式。

以上例子生活中比比皆是、数不胜数，这就是虚伪的表现。虚伪的实质，就是一种对他人、对自己的欺骗。或者也可以这么说，当一个人的言行举止与他的真心真情相违背时，就可以说是一种虚伪。

在人生这个大舞台中，有些人完全将自己的角色戏剧化，在不同时间、不同地点、对不同的人有着不一样的表现，他们为了获取功名利禄，总是戴上虚伪的面具，在自己为自己设置的各种角色之中不断变换。为了不被别人发现真实的自己，他们活得很累，最可悲的是最后连真正的自己都找不到了。

还有些人则很自然，直面人生，展现自己最真实的一面，不虚伪，不做作，不装腔作势，不口是心非，他们用真心对待每一个人，因此换来他人的掌声与祝福，收获了人生的幸福和成就。

因此，我们一定要时时反省自己，有则改之无则加勉地直面人生，撕下虚伪的面具，按照自己的步子走下去，做好真实的自己。只有直面人生，撕下虚伪的面具，才能感知自己和别人的真心，获得你想要的幸福和快乐；只有直面人生，撕下虚伪的面具，才会认清自己，尽情挥洒自己的才华和梦想。

要直面人生，撕下虚伪的面具，我们先要了解带虚伪面具者的心理。

虚荣心理、功利心理和对别人极度不信任的心理是导致虚伪产生的最主要的原因。

虚荣就是一种虚无缥缈的荣耀、荣誉，是实际上不存在的身外之物。在残酷的现实中，找不到能够满足虚荣心的东西，也就是说，真的东西永远是残酷的，会伤害到那颗虚荣的心。这时，虚荣的人往往就会想到一条妙计，那就是用一些虚假的东西来满足自己的虚荣心，这些假东西就是虚伪。

从众心理、攀比心理等也都是造成人性虚伪的原因。在我们的生活中，虚伪好像是无可厚非的，是被社会所允许的，这是多么荒诞的事，却又是多么真实的情况。因为从现实生活中我们似乎并不能找出因为戴着虚伪面具而产生的很大危害。而且，现在虚伪的人太多太多了，我们每天都生活在这种人身边，说不定，在别人眼中，我们也正是那种戴着虚伪面具的人。大多数人认为戴着虚伪面具只是从道德上说不过去，实际并没有多大的危害。或者有人感叹：不戴着虚伪面具可怎么活啊！可是，这种想法是错的。

因为，一个人活在天地间，不管他自己虚伪不虚伪，他都永远不愿意和一个很虚伪的人做朋友。

戴着虚伪面具会让你活得很累，因为你每天都要为自己编织各种各样的谎言，这样你就生活在谎言组成的弥天大网之中；戴着虚伪面具会让你身心疲惫，撒了一个谎之后，还要再想一个谎言去圆上一个谎；戴着虚伪面具会让你感到迷茫，感到人生的荒诞，还会迫使你不得不去思考社会的阴暗面。因为你并不知道别人是不是也很虚伪，你不知道他们说的那些东西有哪些可以相信。

总之，虚伪心理是我们人性中最丑恶的弱点，它像黑暗里的一只虫子，一点点地、慢慢地吞噬着人的灵魂，夺走人的快乐和幸福。

因此，虚伪者一定要直面人生，撕下虚伪的面具，才能真正地感受到生命的价值和意义，才能收获到人生的质感和圆满，才能在历程每一步，踏实、幸福、祥和、快乐，进而积极地创造真心希望的美好天地。

直面人生，撕下虚伪的面具，通常可以采用以下方法。

第一，真诚。真诚好比一杯解渴的纯水，没有颜色，没有添加剂，也没有味道，但它最解渴。真诚，是自己内心追求梦想的最大动力来源。

第二，鼓励自己表达出真实的想法。如果自己的想法比较偏激或者容易伤害别人，不妨用委婉的方式说出。如果不想说出来也不要勉强自己，可以保持沉默。但尽量不要欺骗他人，更不要为了取悦他人而说出虚假的赞美之词。

第三，建立成熟的自我观。拥有属于自己的对于世界和周围人的看法，不被他人的意见左右，也不屈从于他人的价值观。做人做事参照自己的标准，不勉强屈己服人。

第四，遇事时和朋友换位思考，推己及人，友爱待人，就可能得出不同的结论，改变已有的不正确做法，这样就会多一分理解，少一分对立。关键靠自己的诚心，要向别人表达出你的诚意。在人际交往中，建立和谐、共赢的关系，离不开彼此心灵真诚的沟通和坦诚的交流。有的事情，任凭如何高明的计谋、如何周密的策略都无法解决，却可能因为真诚而轻而易举地解决。

人生一世，我们只有直面人生，不断地清理自己的心灵，让自己的内心深处多一些真诚，少一些虚伪，才能让生命有力量和意义。

上战场，砸碎身上的枷锁

生命并不是一条简单的直线，大部分人的生命都像花树一样，想要开花就不能总长一根枝条。在人的成长过程中，有很多肉眼看不见的东西在一个个地变成习惯，然后由于“熟视无睹”被视为是最平常的事情，它们在不知不觉中禁锢着自己，禁锢住了自己有创意的想法，禁锢住了自己关于理想的憧憬，禁锢住了自己对自由的向往，认为自己就应该是现在的模样，只能向环境低头，认命。说来说去，事情并不如此，之所以会有这样的想法，全都是因为这些“习惯”引起的，这些“习惯”本来就不是什么习惯，只不过人们忽视了它们的存在，任凭它们来主宰人们的生命。或许有一天，当自己可以完全戒掉这些“习惯”，切断这些禁锢着自己的锁链后，就会发现人生除了习以为常的方式外，还有其他的选择。可以听从自己心灵自由的声音，当机立断，运用自己的能力，改变适应环境的方式，投入新的积极领域中，去改变生活。

生活中，是选择勇敢地砸碎这些禁锢自己的枷锁，走出去追求成功和自由，还是选择静静等待，被束缚住低头认命呢？口头上做这么个选择题不难，难就难在空有勇气，却不知道套在自己身上的枷锁是什么。现在就来看看下面的这些枷锁在你身上是否存在。然后再对症下药，砸碎身上的枷锁，勇敢接受命运的挑战，在人生战场上奋斗不息、所向披靡。

1. 一直担心“别人会怎样想”的枷锁

有的时候，当你想做一件事情的时候，首先想到的不是成功，而是先想到如果失败了别人将会怎么看。这是一种最普遍而且最具自我毁灭性的心理状态。这种心态是一种强而有力的枷锁。它不仅会伤害你的创造力和人格，还有可能把你原有的能力破坏殆尽，使你永远只停留在原地。

这里给你推荐一种简单易行的方法，为摆脱这种“别人”式的枷锁，你不妨想一想，首先你要清楚“别人”并不是“先知先觉”，他们往往都是“事后诸葛亮”。然后要时刻提醒自己：走自己的路，让别人去说吧！不要管别人会怎么去想，怎么去说。

2. 认为“已为时太晚”的枷锁

人的一生要经历许多的成功与失败，并不是说成功者就不会失败，就没有失败过，往往越成功的人，他们所经历的失败越多。并且成功没有时间的先后，只要奔着自己的目标努力，无论成功大小都会有所成就。

然而，许多失败者失败后就觉得再重新拼搏已为时太晚了，无法再创业了，于是对自己的未来完全妥协，逆来顺受地熬日子。试想，如果一个30岁的青年做生意亏了本就自认为无法东山再起，一个40岁的寡妇就自认为太老无法再婚，一位10年前破了产的厂长要想重新开始投资就认为时过境迁。那么，30岁就否定了自己的未来，40岁的心态就变得老态龙钟，10年后再投资就觉得时机不在的人，是否真的如他们所认为的那样，就不能再成功了呢？

为了解除这种“为时太晚”的枷锁，这里给你一个建议，看看那些社会上的活跃人物，他们不去理会年龄的限制，并下定决心，不断奋斗终究会有新成就。

3. 背着“过去错误”的枷锁

有这么一群人，他们害怕再次尝试，因为他们曾经失败过，受创很深，所谓“一朝被蛇咬，十年怕井绳”。但是，对每一位有志之士来说，他都必须对过去所犯的错误保持正确的哲学观，从而使他得以再次突破，再创佳绩。如果你能真正地理解“失败是成功之母”这句话，那你就不会害怕失败。而如果你把失败看成是成功路上所要学习的一笔财富的话，那么你就不会被失败所打倒。

这类枷锁的砸碎方法是，你完全不必把“过去的错误”看得太重。

其实那根本不能算作失败，只能算是受教育，它能教会你许多事情，使你更加成熟。

4. 担心“注定会失败”的枷锁

这是一种非常普遍的心理。一旦失败，便将自己初始的动机统统地扼杀。他们不断重复着说：“早知如此，何必当初!”他们因此把自己看得渺小，无法真正透彻地看清自己。

为了摆脱“注定会失败”的枷锁，你不妨保持积极的态度。切莫在不经意中将自己的创新意识抛弃。

上战场，砸碎身上的枷锁，跳出内心的羁绊，并不是让我们莽撞行事，而是让我们洒脱做人。达人当观物外之物，思身后之身，不畏艰险和困难，用洒脱和豁达面对人生，用勇敢和坚毅奋勇向前。

是鱼，就不要做潜艇，受机器的操纵；是鹰，就不要做风筝，受线的束缚。做一个洒脱而勇敢的人，砸碎身上的枷锁，挣脱心灵的束缚，勇敢地迎接挑战，在人生战场不懈拼搏吧！你一定能获得更大更好的发展，寻找到属于自己的一方天空。

换个角度，人生可以不同

人生在世，不可能一帆风顺，种种挫折、无奈都需要我们勇敢地面对、豁达地处理。这时，是一味地埋怨生活，从此变得消沉、萎靡不振，还是对生活满怀感恩，换个角度看人生，跌倒了再爬起来?

俗话说：“人生之事十有八九不如意。”不论你是否愿意，总有一些悲伤横亘于生活的路上。面对悲伤，如果我们自怨自艾，丧失信心，就会更加茫然失措，一筹莫展，导致人生的更多挫折，将暂时的失败固化、深化成了长期的失败。

相反，如果我们能调适心境，换个角度，以积极乐观的态度去面对人生的种种困难、挫折，就能走出逆境，迎来光明。

有一个人在一次车祸中不幸失去双腿，他的亲朋好友都来慰问，表示了极大的同情。而他却回答道："这事的确很糟糕。但是，我却保存了性命，并且我可以通过这件事认识到，原来活着是一件多么美好的事情，而以前我却从未这样清醒地认识过。现在，你们看，我不是一样顺畅地呼吸，一样欣赏天边的云朵和路边的野花。我失去的只是双腿，但却得到了比以前更加珍贵的生命。"

有位哲人曾说："我们的痛苦不是问题的本身带来的，而是我们对这些问题的看法而产生的。"这句话很经典，它引导我们学会解脱，而解脱的最好方式是面对不同的情况，用不同的思路去多角度地分析问题。因为事物都是多面性的，视角不同，所得的结果也就不同。

当挫折向你袭来时，换个角度，人生就会不同，痛苦就会被酿造成快乐的甘泉，使人从容坦然地面对生活，并寻找出痛苦的教训及战胜痛苦的方法，勇敢地面对这多难的人生。

当遇到不顺心的事情，换个角度看就是开心。吃了亏的人可以说"吃亏是福"；丢了东西的人可以说"折财免灾"；逃过一劫的人可以说"大难不死，必有后福"；受欺负的人可以说"不是不报，时候未到"；卸任的官员可以说"无官一身轻"；生不逢时的人可以说"比你先前阔多了"；没钱人的太太可以说"男人有钱就变坏"；惧内的丈夫可以说"有人管着好，啥事都不用操心"；丈夫不下厨，妻子可以说"整天围着锅台转的男人没出息”；被老板炒了鱿鱼的人可以说“我把老板炒了”，等等。

如果不如意的事情发生，换个角度看就变成了好事，我们以乐观、豁达、体谅的心态看问题，就会看到事物美好的一面。同样的一件事情，过去给自己带来的是烦恼、苦闷，而现在带给自己的则是积极向上的动力。

要知道，或许想要解决一切困难是一个遥远的美丽梦想，但任何一个困难都是可以解决的。一个问题就是一个矛盾的存在，而每一个矛盾只要找到合适的界点，都可以把矛盾的双方统一。这个界点在不停地变幻，它总是在与那些处在痛苦中的人玩游戏。转换看问题的视角，就是不能用一种方式去看所有的问题和问题的所有方面。因为如果不换角度，你就会钻进一个死胡同，离那个界点越来越远，处在混乱的矛盾中而不能自拔。

两个被关在同一间牢房里的人，透过铁栏杆看外面的世界，一个看到的是美丽神秘的星空，一个看到的是地上的垃圾和烂泥，正是因为后者以悲观、狭隘、苛刻的心态去看问题，所以觉得世界一片灰暗；相反，如果换个角度，以乐观、豁达、体谅的心态看问题，就会看出事物美好的一面。

（1）换个角度看人生，是一种明智的选择。当人们面对心中愁苦时，就需要迈动智慧的双脚到处走一走，换个角度，就能发现“柳暗花明又一村”。

（2）换个角度看人生，使我们在失败时看到差距，在不幸时得到慰藉、获得温暖，激发我们挑战困难的勇气，进而获取前进的动力。

（3）换个角度看人生，你就会从容坦然地面对生活。当痛苦向你袭来的时候，不会悲观气馁，而会寻找痛苦的原因、教训及战胜痛苦的方法，勇敢地面对这多舛的人生。

（4）换个角度看人生，你就不会为战场失败、商场失手、情场失意而颓废，也不会为名利加身、赞誉四起而得意忘形。

（5）换个角度看人生，是一种突破、一种解脱、一种超越、一种高层次的淡泊宁静，从而获得自由自在的乐趣。

转一个视角看待世界，世界无限宽大；换一种立场对待人事，人事无不轻安。

生活就是如此，面对不如意，我们不能只知发牢骚，否则，如果在牢骚中错过了人生正点的班车，那又将会在抱怨中错过下一班车的机会。如此下去，连末班车都可能错过。

“横看成岭侧成峰，远近高低各不同。”人生的格局也许难以改变，但怎么看却由你来决定。换个角度看风景，风景便有不一样的风采；换个角度看人生，你就能看见一个不同的人生，拥有一个不同的人生。你会发现，你不但能一直保持健康的心态、完美的人格和进取的信念，你还能一直拥有对生活的爱与希望，领悟到幸福真谛。

本章结语

选择做自己想做的梦，去自己想去的地方，做自己想做的人吧！因为你只有一次人生，做所有你想做的事情。愿你有足够的欢乐，使自己甜蜜；有足够的历练，使自己坚强；有足够的深刻，使自己厚重；有足够的希望，使自己幸福；有足够的正能量，使自己自由。要经常换位思考，一件事情，若是你感到对自己有伤害，就可能对他人也有伤害。最幸福的人并不一定是那些拥有好东西的人，而是能够将得到的东西变得最好的人。

后　记

基于帮助人们唤醒沉睡中的自己，拥有幸福、成功人生的想法，本书作者系统地阐述了唤醒沉睡中的自己的丰富内涵、价值、意义以及与唤醒沉睡中的自己相关的能量的各种方法。阅读本书，你会读到多个趣味性强的案例、小故事，在各种小秘诀的启示，你会深受启发，颇有受益，有效地唤醒沉睡中的自己，从而最大限度地实现人生价值。

不必惧怕前途未卜，不必忧心处世艰难，不妨静下心来，以本书为参考，来一场探寻自我的旅程，充分唤醒沉睡中的自己，那么，展现在你面前的，就是拥有无限幸福的美好生活。

很多人曾经问我，朕羽老师你一路走到今天，是什么原因使你对生活每天充满了无限的激情、充满了无限的正能量呢？其实使我不停地奋斗的原因只有四个字：责任、感恩！是的没有错，责任是一个人立于世间的脊梁骨，是人们向前进步的原动力。对自己的责任、对家庭的责任和对社会的责任……

再者就是感恩，感恩金学建恩师带领我进入了教育这个神圣的领域，感恩段岳云老师、感恩燕保君师傅、感恩卓越公司一路上给予我许许多多帮助过的人、感恩伤害过我的人、感恩一路上风雨兼程不离不弃的我的爱人可可……谢谢你们对我无私的帮助，谢谢你们对我孜孜不倦的教导。谢谢生命中出现的每一个人、发生过的每一件事……

用爱心做事业，用感恩的心做人。

作 者

2015 年 12 月